感動経営 林業版
「人を幸せにする会社」

—長寿企業に学ぶ持続の法則

全国林業改良普及協会 編

林業改良普及双書 No.187

まえがき

他産業に比べ、「持続」は林業の大きな目標と言っていいでしょう。森林管理、森づくり、素材生産、製材・加工などを担うさまざまな会社・団体が、破綻することなく元気に経営を持続し、雇用を守り続けること。それが林業地域持続の土台となります。

では、会社・団体の経営を持続させる秘訣、法則のようなものはあるのでしょうか。あるとしたら、どのようなものなのでしょうか。本書は、林業や林業以外の経営実践事例から持続の法則を探るというテーマでまとめた本です。

第一は、長年にわたり、会社を維持し、雇用を守り続けてきた長寿企業に注目し、なぜ経営を持続できたのか、持続の法則を実践から学びたいと思います。長寿であり続けた理由として、①従業員を大切にする人材活用マネジメント、②社会ニーズに合わせ、商品・サービスを改善、改革し続ける姿勢、の2点に注目しました。

第二は、従業員はもとより、雇用創出を通じ地域の人々をも幸せにする法則の探索です。本書が注目したのは、地域に利益の源泉を残す「生産と加工・販売を一体化させる法則」、そして従業員の健康、仕事のやりがいを創る会社は、業績も上がる、という経営実践知見です。

以上のテーマについて、解説編では、林業内外の会社、団体の経営事例を引きながら、持続の法則をまとめました。

事例編では、林業関係の会社・団体、なかでも長寿と言われる事例を経営者への取材・インタビュー等を元に紹介させていただきました。

長寿に学ぶ持続のあり方という、経営の評価軸の一つとして参考にしていただけたらと思います。本書で掲載した事例は、すべてわが日本の経営実践そのもの、生きた教材であり、机上論はございません。


本書の取りまとめに当たり、林業関係企業・団体、都道府県林業普及指導事業主管課、および全国林業普及指導員の皆様にお世話になりました。

本当にありがとうございました。

平成三十年二月　全国林業改良普及協会

目次

解説編２　感動経営　地域・人を幸せにする林業経営
―持続の法則を探る　41

編集部

従業員の幸せは会社の幸せをもたらす―持続可能な経営のために

経営者インタビュー

事例編5　モリスの挑戦　162

一般社団法人　モリス代表　清水光弘さん（静岡県）

解説編 1

長寿企業に学ぶ
林業経営持続の法則
人材力を活かすマネジメント

編集部

「従業員を大切にする」と「絶え間ない改革、進化」が持続を作る

編集部

持続の法則を探る①
長寿の条件――人材力を重視する経営

長寿企業大国・日本

長寿経営とはどのようなものなのでしょうか。思い浮かぶ老舗企業が読者にもあると思います。

実は、日本には創業100年超、200年超といった長寿企業が多数存在します。いろいろな調査結果がありますが、日本経済大学・後藤俊夫教授によると、創業以来100年以上続く現存企業（定義：営利企業のほか非営利団体も含む。事業等に一貫性があれば法人変更を問わず。国・地域は本社所在地別）は全世界で6万2780社あり、その4割に当たる2万5321社が日本に存在するという調査結果が得られています（後藤、2014）。

また、世界最古企業20傑のうち、実に14社が日本企業（残りはドイツ、英国、オーストリア）で、世界最古は株式会社金剛組（社寺建築、現在は㈱高松コンストラクショングループのグループ企業）で創業はなんと578年という会社です。

そのほか、生活密着型企業（日本酒、味噌・醤油、薬、和菓子）、職人技術型企業（社寺建築、鍛冶師、鋳物師等）、ファミリー型企業（旅館等）が超長寿企業に含まれます。

一言で言うと、日本は世界の長寿企業大国であり、抜きんでた存在なのです。

長寿企業が教える経営手法

世界に誇る長寿企業大国日本。その長寿の秘訣から学ぶ経営手法とは何でしょうか。長寿企業経営を分析する専門家は、次のような点を指摘しています。

①明確な経営ビジョン、使命
②目先の利益を求めず、「企業は社会の公器」という考えをもった経営理念
③従業員、すなわち人材を大事にする経営
④作り手の事情より顧客や市場の意向にそった経営（老舗にあぐらをかいて顧客をおろそかにするようなことがない）
⑤経営理念の核はぶれず、しかし改革、進化を続ける姿勢
その他、質素倹約など創業者の教えを大事にする姿勢などです。

資料：後藤俊夫、船橋晴雄、浅田厚志、ほか

本章では、このうち、③の人材を大事にする経営、そして⑤の改革、進化を続ける姿勢に注目したいと思います。

「従業員（人材）を大事にする」意味とは

「従業員を大事にする」というと、「それは従業員を甘やかすことではないか。そんな経営が長続きするはずがない」と思われるかもしれません。

ここで言う「従業員を大事にする」とは「甘やかす」ことではありません。長寿企業などの例が教えるのは次のような考えです。

「従業員を大事にする」とは言い換えると「従業員（人材）の能力を十分引き出し、のびのびと働いてもらうこと」であり、労働力を１００％活用する人材マネジメントであると言うことです。

逆に言えば、従業員の士気が低かったり、経営陣への不信感、不安や不満、怒りを抱えていたりすれば１００％の仕事を引き出すことは難しいでしょう。

例えば、

○従業員をコストとしか見ていない

○従業員は単なる歯車でしかない（経営方針やさまざまな情報を共有させる必要はなく、上司の指示どおり動けばいい）

○従業員の士気・満足度が低い

という貧弱な人材マネジメントでは、長寿経営は難しいでしょう。

では、人材力を活用するマネジメント手法とはどのようなものか。その具体例は、後ほど整理します。

人を幸せにする会社は業績がいい―もう一つの経営評価軸

最近広まってきた企業経営の評価軸として、「人を幸せにする会社」という考え方が注目されています。提唱者は坂本光司教授（法政大学大学院）です。中小企業の経営研究第一人者としてこれまでに７５００社以上を訪問調査されており、そのうち約７００社が「人を幸せにする会社」であると評価しています。

その調査で分かった最重要点は、「人を幸せにする会社」は業績がよいという事実です。

人を幸せにする会社とは、具体的に以下の5点を満たす会社であると坂本教授は定義します。

①社員とその家族を幸せにする
②外注・下請け会社の社員とその家族を幸せにする
③現在の顧客と未来の顧客を幸せにする
④地域社会・地域住民を幸せにする
⑤株主・出資者・関係機関を幸せにする

資料：
・坂本光司「日本でいちばん大切にしたい会社」あさ出版、2008
・「大切にしたい会社の原点とは―坂本光司教授を取材して」企業診断ニュース2016・3

坂本教授はこうも指摘します。

「本当にいい会社とは、継続する会社です」と。

会社で一番重要なのは業績を上げること、と思いがちですが、それは違うと。「業績を上げるのは、会社を継続するための手段である」（坂本教授）という考え方です。

逆に言うと、一番業績のいいときに人を雇い、業績が下がると首を切る、を繰り返すような企業は長続きしないということです。

離職率ゼロかつ利益率を維持する中小企業の存在

坂本教授が提唱する評価軸で、いい会社（中小企業中心）を選定・表彰する取り組みも行われています。「日本でいちばん大切にしたい会社」大賞です。平成28年度で第7回を数え、さまざまな業種の中小企業が表彰されてきました。その資格は次のとおりです。

①人員整理を目的とした解雇や退職勧奨をしていないこと
②外注企業・協力企業等、仕入先企業へのコストダウンを強制していないこと

③障がい者雇用率は法定雇用率以上であること
④黒字経営（経常利益）であること（一過性の赤字を除く）
⑤重大な労働災害がないこと
　以上を過去５年以上にわたり、全て満たしていること。

　資料：人を大切にする経営学会（「日本でいちばん大切にしたい会社」大賞事務局）

　過去に受賞した中小企業（株式会社、有限会社、社団等法人団体）は、工業製品メーカー、小売業、サービス業などで、言ってみれば地味な業種がほとんど。２０１６年（第６回）の受賞企業を見ると、離職率ゼロ～２％未満（会社の都合ではなく本人の都合による退社）、利益率８％～10％程度を継続する企業（製造業、販売業）があるのです（従業員20人～２００人未満）。
　こうした中小企業が、雇用を守り、利益を継続して上げ、社員をはじめ会社に関係する人々、地域を幸せにする経営というものを実現している。そのことを改めて思い知らされます。

日本には、近江商人の「三方良し」という経営哲学がありました。売り手良し、買い手良し、世間良し。現在のCSR（企業の社会的責任）の元祖とも言える概念を含む経営哲学が、外国から教えられるまでもなく、昔から日本に根付き、それがいまも底流にあるのでしょう。

持続の法則を探る②
事例に見る「従業員を大切にする」手法

能力を引き出す場を作る

「従業員を大切にする」重要な手法でまず挙げられるのは、従業員の教育、人材育成です。社内研修や従業員の資格取得支援などが、その端的なものです。参考事例を見てみましょう。

林業・木材産業界において、先に紹介した「日本でいちばん大切にしたい会社」大賞を受賞した企業が一つだけあります。須山木材株式会社（島根県／須山政樹社長）です。製材、プレカット加工、住宅・家具・建具材販売、山林経営等の事業に取り組む会社で、1877年創業の長寿企業です（従業員89名、平均39歳、平成28年4月時点）。

同社では、従業員の能力開発の場として、QCサークルを実施しています。QCというと品質管理目的が浮かびますが、こちらは従業員同士がグループを作り、問題点や改善点などを話し合い、そのまとめを社内発表するという社内グループ研修です。

従業員さんは、「一体感、チームワークがよくなり、仕事がやりやすくなります」（事務担当）、「事務と現場（工場）のコミュニケーションが取れ、社員同士が近いです」（工場担当）と話します。

「社員のもつ能力を引き出せる場を作るというのが経営者の役割」と若き須山政樹社長が話します。

資料：中小企業庁委託、中小企業・小規模事業者支援サイト「ミラサポ」須山木材紹介より

「地域を引っ張る！農林水産業で頑張っているリーダー」として知事表彰
須山木材株式会社　代表取締役　須山政樹さん（出雲市）

須山木材代表取締役の須山政樹氏は、「地域を引っ張る！　農林水産業で頑張っているリーダー」として島根県より知事表彰を受けています。具体的には、島根県「しまねの農林水産業・農山漁村「頑張っているリーダー」顕彰事業」によるもので、「持続的に発展する島根の農林水産業・農山漁村」の実現に向けて、地域の創意工夫に基づき主体的かつ積極的に活動している方として知事表彰を受けています（平成24年度　第5回）。

島根県が公表している須山氏及び同社の紹介文は以下のとおり。

資料：島根県「地域を引っ張る！農林水産業で頑張っているリーダーを表彰」サイト（農林水産総務課）より引用

須山木材株式会社　代表取締役　須山政樹さん（出雲市）

須山木材㈱は、今年で創業から１３５周年を迎える県内でも有数の製材工場で、島根県産材製品のブランド化にも取り組んでおり、プレカット加工施設を活かし、県内はもとより京阪神にも製品を提供しています。

今年からは、県外の施主に島根県に来てもらい、実際に島根の山で育っている木を見て、それを施主宅の建築材として加工、提供する試みを開始しています。

同社は、こうした地域木材の品質向上、ブランド化等の先導的な役割を果たしており、今後、県産木材製品の供給元として出雲地域はもとより県内のリーダーとして製材加工業を牽引してもらうことが期待されています。

【プレカット加工を中心とした生産体制】

須山木材㈱は、県内で唯一の1社単独のプレカット加工施設を有する会社で、現在主流となったプレカット加工は、自社分はもとより県内外からの加工委託を受けています。

平成22年度には、国産材を中心に加工するラインを設置するために施設整備を行い、現在2ラインでのプレカット加工を行っています。平成23年度の2ラインの加工量は

6000㎥となっています。

また、人工乾燥材にも早くから力を入れており、平成4年度に10㎥の人工乾燥機、平成21年度に30㎥の人工乾燥機を導入し、昨年度の人工乾燥材の生産量は700㎥となっています。


【高品質な製品製造】

高品質な製品を提供するために平成15年に製材JAS、平成23年に乾燥材JASの認定工場の資格を取得し製品を提供しています。


【県産材製品のブランド化】

県産材製品のブランド化にも力を入れており「出雲杉」として積極的に県産材製品の増産加工を行い、県産材製品の自社パンフレットを作成して販売を展開しています。

京阪神市場においても大阪支店を中心に島根県産製品の積極的な販売戦略を展開しています。

【循環型林業に向けて】

地元森林資源を自社製品として活用するために、森林組合に作業委託し、平成20年から自社有林の利用間伐に取り組み、資源調達、製品加工、販売の一環生産に取り組んでいます。

「風通しのいい社内風土」が意味するもの

坂本教授によるいい会社事例。その従業員の声で多いのは、風通しのいい社内風土です。一見あいまいな表現に聞こえますが、経営手法的には意味するところは、次のようにかなりハッキリしています。

○何でも意見を言えたり、従業員の考えを交換できる場が用意されている。
○経営者の方針がはっきり従業員に示され、共有されている。

○話を聞いてくれる上司や経営者がいる（話す先から「もう分かった」と従業員を遮り、つまらない説教で自分ばかり話す上司は、話を聞いてもらえないストレスを従業員に蓄積します）。

これを裏付ける調査結果もまとめられています。
社員モチベーションと企業業績の相関関係を調べた興味深いアンケート調査結果があります。その結果から「社員のモチベーションが高い企業は業績もまた高く、逆に社員のモチベーションが低い企業はその業績も低い」という事実が証明されたのでした。また、社員のモチベーションを高める制度に関する結果も出ています（表1）。

資料：
・中堅・中小企業の社員のモチベーションを高める方法等に関する調査研究委員会、主査／坂本光司、全国約600社からのアンケート調査結果、2008
・坂本光司「なぜこの会社はモチベーションが高いのか」商業界、2009

表１　社員のモチベーションがかなり高い会社が実施している制度（実施割合）

（%、n = 576）

何でも言える組織風土づくり	65.9
経営情報の公開	60.3
資格取得奨励制度	54.0
中長期経営計画の明示	54.0
全社会議の実施　※	51.6
能力主義	50.0
結果主義	42.9
自己啓発支援制度　※	40.5
資格手当	37.3
定年延長制度	35.7
目標管理制度	33.3
中長期経営計画作りへの参画	32.5
提案制度	32.5
表彰制度	31.7
年棒制度	22.2
体系的研修制度	20.6
フレックスタイム制	18.3
抜擢人事制度	14.3
年功主義	11.1
社内外ベンチャー制度	7.1

資料：坂本光司「なぜこの会社はモチベーションが高いのか」商業界、2009より抜粋
※全社会議とは社員全員が一同に会した会議（朝礼・夕礼を含む）。
※自己啓発支援制度とは社員自身が希望する研修や学習に対し、金銭面、職務面で支援すること。

全国の中堅・中小企業約600社からのアンケート結果より抜粋（社員のモチベーションを高める方法等に関する調査研究委員会、2008）

人の能力を見極め、引き出す

「その人の良さを見極め、引き出す」。人を育てるリーダーという意味では、2016年プロ野球日本一を達成した栗山英樹監督（北海道日本ハムファイターズ）はどうでしょう。

12球団で一番選手経験が少ない監督ながら、2012年監督就任1年目でリーグ優勝。そして2016年の日本一。新しいタイプの監督として注目されます。

対面で選手の言葉に耳を傾け、その潜在能力を見極め、選手一人ひとりを信じ続ける栗山監督。「本当にできる可能性が人間にはあるのですから」が自論だそうです。人は誰でも、信用してもらえれば嬉しいものですし、やる気が湧いてきます。

例えば、2016年シーズン中、打撃不振に苦しんだ中田翔選手。

監督室に呼ばれた時、「レギュラーを外してほしい、と何時言おうか考えていた」と栗山監督に伝えます。

すると、監督から返って来たのは意外な言葉でした。「レギュラーは外さない。もう一回頑張ろう。翔で勝負してダメだったら納得できる。一からやろう」。

その言葉に中田選手は奮い立ちます。

「あそこまで選手一人一人のことを考えている人はいない」「一番の監督にしたいとガチで思った。正直、監督と出会うまで、そんな気持ちを持ったことはなかった」と、〝聞かん坊〟中田選手に言わせるほどだったのです。

資料：スポーツ報知「中田、独占手記」２０１６・９・29

これこそ、「従業員を大切にする」マネジメントでしょう。ソフトバンク球団年棒の約半分という低コスト戦力ながら、リーグ優勝、日本一を達成できたのは、栗山監督のリーダーシップあってこそ。

教育学部（東京学芸大学）出身で教員免許をもつ栗山監督。学生時代の教育実習では、「子どもたちの良さを引き出す」先生ということで大人気だったそうです。

経営者・リーダーは、よき教育者でもある。そんな格言が思い浮かびます。

いかがでしょうか。「従業員を大事にする」とは「甘やかす」とは全く別物の、極めて重要な経営理念であり、手法である。そのことを事例が教えているのではないでしょうか。

経営者とは、業績に対し全ての責任を負う。それが従業員との信頼の土台です。けれど、経営陣が不名誉な業績の責任をとるより、見栄、体裁を第一に、決算を粉飾した例もあります。誰もが知る著名な重電メーカーです。そのおかげでまじめに仕事を続けてきた技術者たちの職場が突然なくなりました。

「従業員を大切にする」どころか、経営陣を最優先（自分たちの体裁が第一）のマネジメント文化が根付いていたと言われても仕方がないのです。

持続の法則を探る③
進化・改革なしに長寿はありえない

絶え間ない改革、進化

冒頭で紹介したとおり、長寿企業の特色の一つが、絶え間ない改革、進化を遂げてきた点です。軸はぶれないものの、市場が求める商品、サービス提供へと、技術や販売を改革し続けてきたのです。

長寿企業のイノベーション活動にテーマを絞った興味深い調査結果がまとめられています。東京都商工会議所が行った創業１００年以上の企業に対するアンケート及びヒアリング調査（都内23区で営業する４２０事業者／製造業、卸売業、小売業、建設業等からの回答／平成27年４月）の結果を見てみましょう（次頁、図1）。

・変革に積極的な企業62・１％

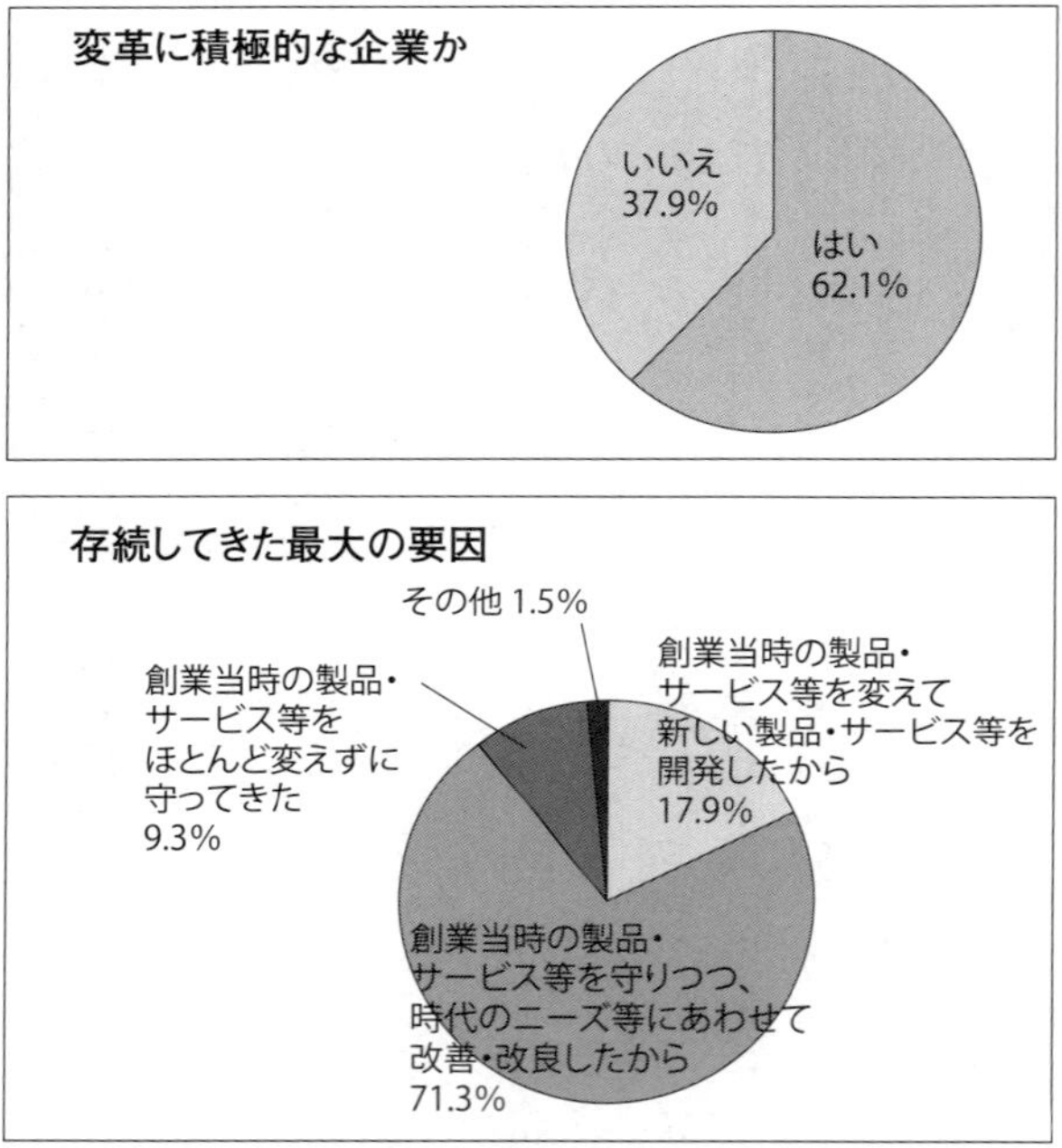

図１　東京都長寿企業の変革に対する姿勢

資料：東京商工会議所、報告書『長寿企業の訓え ～長寿企業における変革・革新（イノベーション）活動～』、平成 27 年 4 月 23 日

表２　今後のイノベーション活動として重視する項目

項目	「非常に重要」および「かなり重要」合計
従業員の育成・生産性の向上	75.8%
従業員の健康管理	75.3%
トップ・マネジメントの能力強化	69.4%
新商品・サービスの開発	61.7%
国内販売先・販売チャネルの拡大	57.0%
高度情報化への対応力強化	57.0%
生産・販売方法の改革	54.5%

・時代のニーズ等にあわせて商品・サービス等を改善・改良した企業71・３％
・逆に、創業当時のまま守ってきた企業はわずか９・３％

また、今後のイノベーション活動として重視する項目として、経営者が挙げるのは、
・「従業員の育成・生産性の向上」―「非常に重要」（39・６％）、「かなり重要」（36・２％）
・「従業員の健康管理」―「非常に重要」（36・９％）、「かなり重要」（38・４％）
と回答しています（表２）。

長寿企業の経営者は、従業員を大切にしながら人材育成に取り組もうとしている姿勢が明らかになったと報告書は分析しています。

雇用を作り、維持するためには技術が必要

雇用の持続こそが、従業員を大切にする最たるものでしょう。けれど、雇用を守ることは、かけ声だけでは実現しません。仕事を維持し、雇用を守るための技術革新が必要なのです。事

例を見てみましょう。

製造業の中でもとりわけ国内生産比率が低いのが自動車業界で、全体では4割以下に落ち込んでいます。けれど、その中で2社だけは7割以上の国内生産を維持する会社があります。マツダと富士重工業（2017年4月より社名SUBARU）です。

資料：2015年版ものづくり白書

この業界では、安い人件費・輸送コストを求め、円高の影響を避けるためなどから、国内から海外へ生産を移転する動きが長期にわたり継続しています。

では、なぜマツダとスバルが突出して高い国内生産が可能なのか。考えられるのは、国内で低コスト生産を可能にする生産性向上、独自の技術力、独自のブランド力を持つ車そのものの魅力など、日本で作った車が国内・海外（輸出）で売れるよう、必死の努力を続けてきたからでしょう。

「スバリスト」から圧倒的に支持される車。低燃費・高出力の「スカイアクティブ技術」（マツダ）。

この2社のように技術、生産手法、デザイン力などを磨き続けなければ、仕事を創り、雇用を維持することはできません。

一般論として、製造業では安い人件費を求めて海外に工場を移すという対策が長らく続いています。経営者のこうした手法は、いわば作り手の都合に合う条件（人件費）を探しただけ。作り手側の技術、生産力など、自分たちを変えたわけではありません。その意味では、経営者にとっては単純で知恵がいらない戦略です（政治的駆け引きは必要になるかもしれませんが）。マツダやスバルは、その戦略を選択せず、自分たちを磨く、厳しい道を選んだと言えるでしょう。

「時代のニーズに合わせる」が長寿を作る

「時代のニーズに合わせて改善」という改革志向は、先に見たように長寿企業の特徴の一つです。

老舗にブランドにあぐらをかくことなく、相手（顧客・市場）の声を聞き、商品・サービスを見直していく。これは、大いに参考になりそうです。

時代のニーズに合わせ、経営を再生させた業界例を挙げます。

スキー場といえば、まとまった雇用先が少ない中山間地で、冬期に雇用を創り出す役割は貴重です。ところが、来客数の減少に歯止めがかからず、経営が苦しく、閉鎖寸前という例が少なくないと聞きます。

近年、経営難にあえぐスキー場をみごとに再生させ、経営安定へ復調しつつある事例が登場しています。再生を実現したのは、スキー場の経営・経営受託を行う株式会社マックアース（兵庫県養父市、一ノ本達己社長）。同社が運営（運営受託・指定管理受託を含む）するスキー場は現在全国で34に登り、数々のスキー場を再生した実績を持ちます。一ノ本社長は〝再生請負人〟として注目されています。

なぜ再生できたのか。事例に共通するのは、顧客が求めるサービスを見極め、それを提供するという、言ってみれば経営の基本とも言える戦略を実行したことでしょう。規模にとらわれず、スキー場の特徴に合わせたサービス提供へと事業を特化したのです。

例えば、リフト数本の小規模スキー場の場合、都市から近いアクセスを生かし、スポーツクラブ感覚で来場してもらえるナイター時間、シーズン券（スポーツクラブ会員権と同額程度）で、仕事後のスポーツジム感覚で来てもらう戦略で再生しました（健康維持にお金をかける中高年ターゲット層に絞ったニッチ戦略／２年間で入場者数１２３％増）。

また、23時までナイター営業、ＬＥＤ電飾でまるで大きなパーティー会場のようなゲレンデ照明、託児所などを用意し、夜更かししてわいわい楽しみたいカップル、グループ客など若い層に向けたサービスで集客を増やした事例もあります（２年間で入場者数38％増）。

スキー場経営は、バブル時に象徴されるように、「（スキー場を）作れば、売れるはずだ（客が来るはずだ）」という、いわば作り手側の論理優先の経営であったとも言えます（今から振り返れば）。

それを市場が求めるサービス（スキー場に来る目的の創出を含め）提供事業へと変貌させたのです。

人材力を活かすマネジメントは業績のよい企業を作るもの、とここで紹介した事例が教えています。プロ野球の世界では、監督の能力は結果で評価され、分かりやすく、フェアな世界です。結果が出せなければ監督としては無能と判断され、直ちに辞めることになります。
会社では、プロ野球ほど分かりやすくはありません。ただ、一つ言えるのは、
①利益が黒字基調（突発的な赤字はあっても）を継続し、
②従業員の離職も少ない、こと。
この二つをクリアーする会社は、坂本教授のいう「いい会社」、すなわち持続する経営の必要条件を満たすと見ていいようです。
会社・団体で、生き生き仕事ができ、学校では子どもたちの元気な声が響く。そんな幸せな林業地域を築いていきたいものです。

（月刊「現代林業」２０１７年3月号　まとめ／編集部）

解説編２

感動経営
地域・人を幸せにする林業経営
—持続の法則を探る

編集部

持続こそ林業の大目標。森林管理、森づくり、素材生産、製材・加工などを担うさまざまな企業・団体が、元気に経営を持続し、地域に雇用を生み出すとともに、その雇用を守り続けること。それが林業地域活性化の土台となります。企業・団体の経営と地域の活性化を持続させる秘訣、法則のようなものはあるのでしょうか。

本章では、従業員はもとより、雇用創出を通じ地域の人々をも幸せにする法則を探ります。

第一は、地域に利益の源泉をつくる、生産と加工・販売の一体化です。

第二は、従業員の健康、仕事のやりがいを創ることによる業績の向上です。

感動経営　地域・人を幸せにする林業経営持続の法則を探る

編集部

利益の源泉を地域に創り出す
――木材を地域活性化に最大限活用する

林業・木材産業分野を見れば、長寿企業を探すのは難しくありません。中には、江戸時代創業という伝統を継続する企業がいまも活躍する姿があり、感銘を受けます。

林業・木材産業の長寿企業には、一つの共通性を挙げることができます。それは、造林業で創業しつつ、その後素材生産、製材・加工、販売、さらには住宅販売にまで業態を拡大することで、現代まで経営を拡大・継続した変化の歴史です。こうした長寿企業の経営史から、私たちは何を学ぶことができるでしょうか。

一つは、利益の源泉を創り出し、維持するしくみです。

林業で言えば、「森を育て立木を売る」より「伐出して丸太を売る」、さらには「丸太から製材加工品を作って売る」部分に利益の源泉がある。その源泉を経営の外ではなく、内部に創り出し、維持し続ける。それが経営の収益を高めてくれるのです。そんな経営判断があったからこそ、造林だけではなく、丸太生産、製材加工品生産へ業態を拡大した企業例があるのでしょう。

利益はどこに出るか
―源泉を探る

図１は、平成９年以降のスギの木材価格を立木価格、丸太価格、製材品価格の推移で見たグラフです。注目したいのは、変動率の差です。

・山元立木価格は、最大１万３１３円↓最低２４６５円（Ｈ25）と24％の水準に低下。

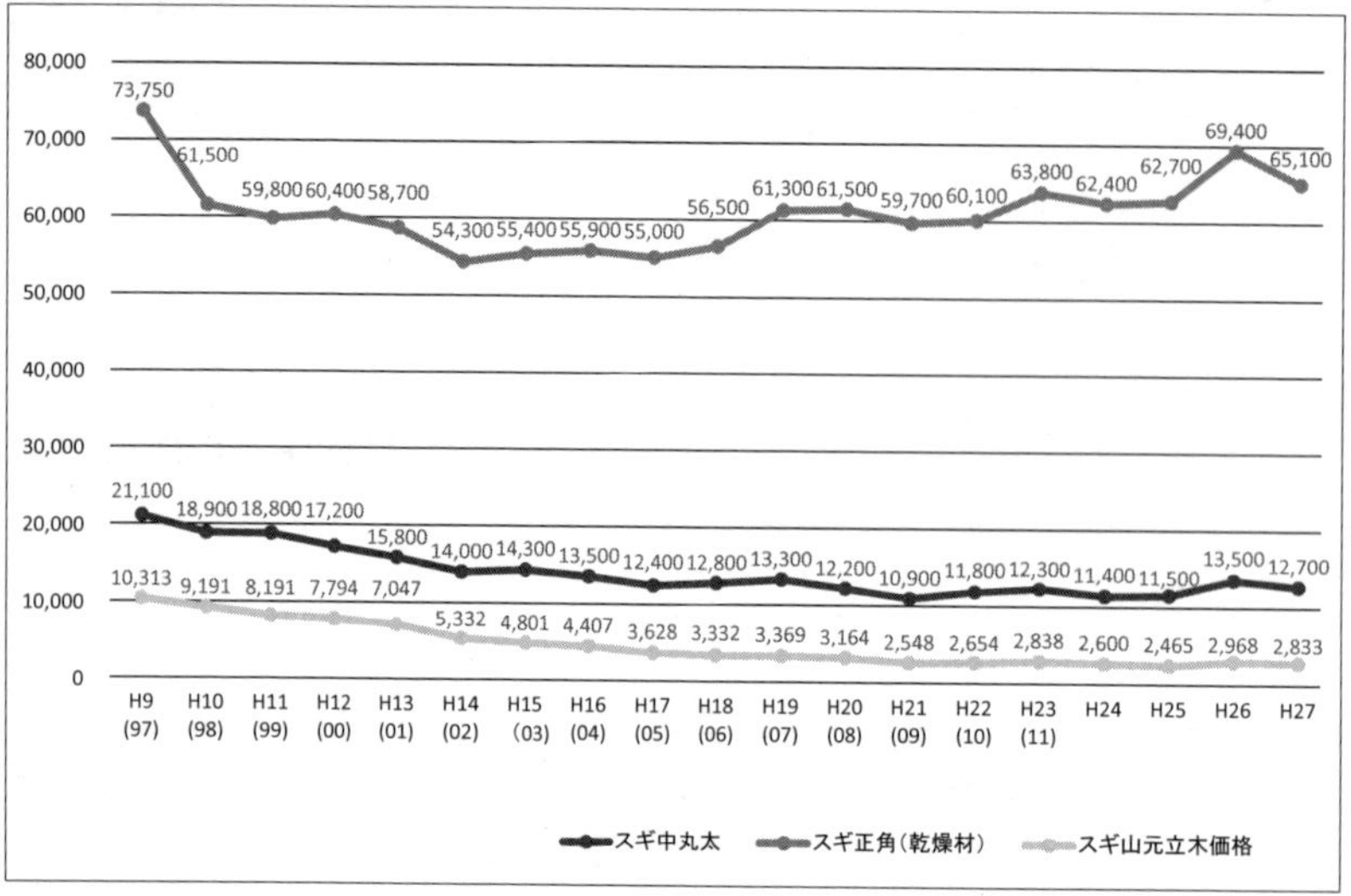

注１：スギ中丸太（径 14 ～ 22cm、長さ 3.65 ～ 4.0m）

注２：「スギ正角（乾燥材）」（厚さ・幅 10.5 ㎝、長さ 3.0m）

図１　スギ木材価格の推移（１㎥当たり）

資料：
・スギ中丸太とスギ正角／農林水産省「木材需給報告書」、「木材価格」、平成 28 年度森林・林業白書
・スギ山元立木価格／一般財団法人日本不動産研究所「山林素地及び山元立木価格調」

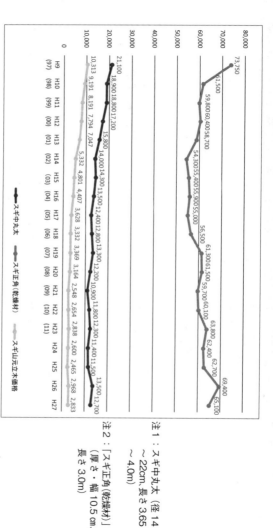

・丸太価格は、最大２万１１００円↓最低１万９００円（H21）と51％の水準に低下。
・しかし、製材品価格は、この間上下３割弱の変動で推移（最大７万３７５０円↓最低５万４３００円の間での変動）。

すなわち、立木価格は１／４になり、丸太価格は半分になる中で、製材品は上下３割と、工業製品卸売物価指数とほぼ同じ価格変動水準に収まっています。立木価格や丸太価格に比べ、はるかに安定価格の傾向と言えるでしょう（以上の傾向はヒノキも同様）。

仮に、ある町全体が林業株式会社であったと想定します。平成９年以降、立木の販売だけではその会社は利益を出し続けることはきわめて難しかったでしょう。

立木を伐採し、丸太で販売、さらには製材品を製造し、それらを販売したなら、立木販売部門では利益は仮に出せなかったにしても、利益の源泉である製材品の製造・販売部門で安定した利益を維持できた可能性は高かったでしょう。

ただ、可能性を現実にするのは簡単ではありません。上記の想定林業株式会社で丸太生産から製材品の製造・販売までを実施し、それを市場を相手にビジネスを成立させるには、技術力、商品企画力、営業販売力など、総合的な力が必要です。それを担う人材力がなければ成り立たない世界です。そしてそれら全体を指揮する経営力（経営者）の存在が絶対不可欠です。

素材生産から住宅までを村内で一体化

しかし、地域全体でそれを成し遂げた事例があるのも事実です。

長野県根羽村。ここでは村内で林業・木材産業分野で1次産業から3次産業までを完結させるシステムをつくり、これを「トータル林業」としています。森林組合、建築設計士、工務店が連携し、根羽産の丸太から製材品を加工し、住宅施主へ届ける邸宅管理方式で納品する方式を作り上げたのです。かつて素材で売っていたものを村内で製材加工し、さらに住宅部材として邸宅納入するという高付加価値化を実現したのです（図2）。

そのスタートとなったのが製材工場です。かつて村内に7軒あった製材工場が閉鎖していき、ついには最後の1軒も閉鎖となったとき、「村から製材工場が無くなっては林業が崩壊してしまう」。そうした危機感を持った小木曽亮弌村長（当時）は、最後に残った製材工場を村が購入するという決断を下したのです。そして丸太を加工し、いかに付加価値を高めて売っていく

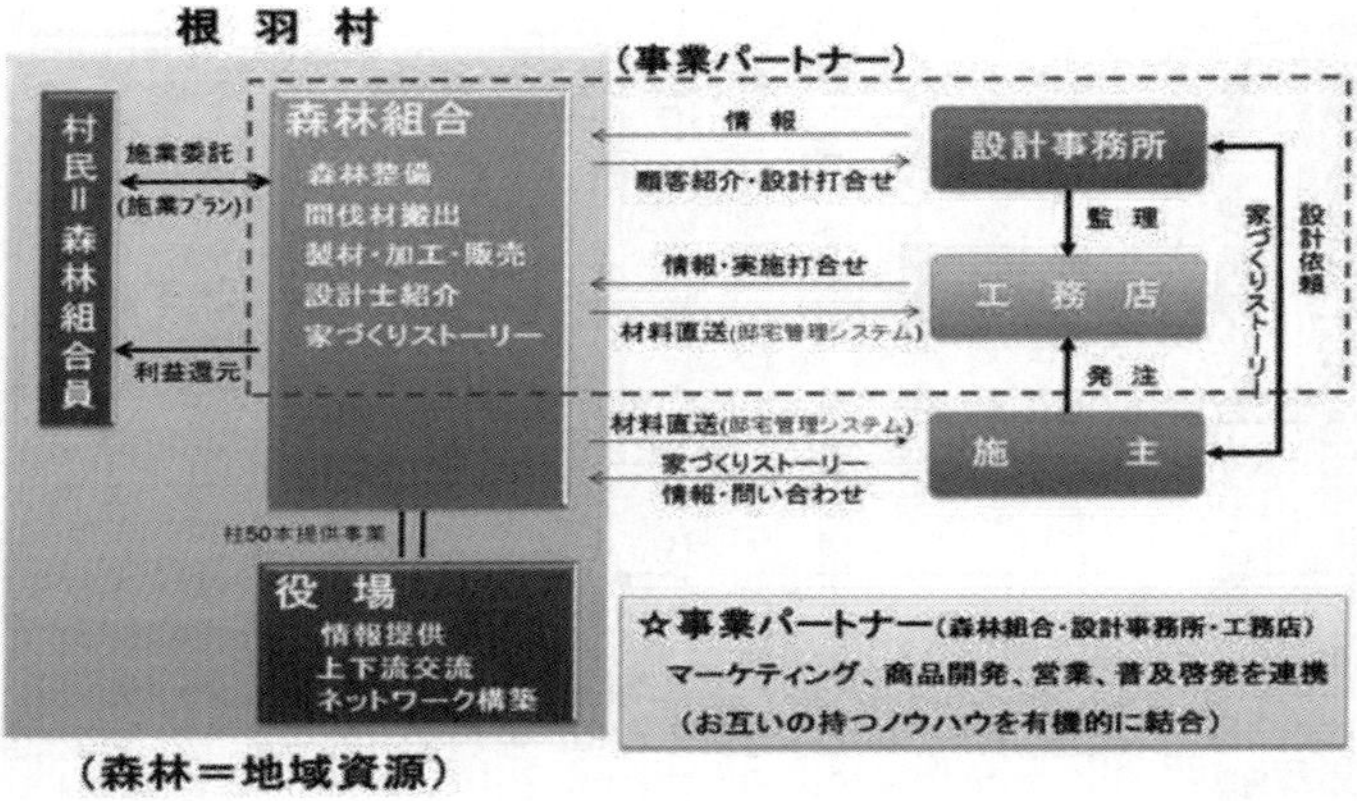

図２　村内の森から素材を生産、加工し、製品、住宅を販売する根羽村の取り組み。
さまざまな事業パートナーと連携し、家造りまでを実現するしくみ

資料：大久保憲一「源流域の危機と地域づくり」、第 31 次地方制度調査会第 4 回専門小委員会長野県根羽村長提出資料、平成 26 年 7 月 23 日、総務省

か。村内に仕事を増やすか。村と林業関係者一体となった努力が始まったのです。

「村が会社」
―売上高30億円、雇用92名を達成

　また、農業分野でも、それこそ「村が会社」といっていいような成功事例が存在します。高知県馬路村。「小さな村から始まった大きな取組」として馬路村の名前をPRする多様なゆず加工品で知られ、既に全国ブランドを確立しています。

ことの始まりは、規格外など青果として出荷が困難な「ゆず」をなんとか有効活用できないかという思いからでした。青果として販売するのではなく、ジュース・ポン酢しょう油・シードオイル・化粧品などに村で加工し、販売もする。生産から加工・販売までを一体化する戦略を、見事な商品開発力、生産技術、マーケティング・販売力、そして全体の経営力で実現させたのです（事業主体は馬路村農業協同組合）。

その実績は、次のような見事なものです。

○売上高：約1億円（H1）→約30億円（H27）
○雇用者数（職員数）：19名（H1）→92名（H27）
○主な原材料（ゆず）の生産量：204t（H1）→800t（H27）
○生産者収入増：市場価格よりゆずを高値で買い取りを行うとともに、加工事業の利益を配当金として農家へ還元

生産から加工・販売を一体化することで、付加価値（商品の売上げ、雇用）を高め、生産者をはじめ、村全体を幸せにしたと言えるでしょう。

資料：農林水産省「6次産業化の取組事例集―農林漁業団体など複数の農林漁業者による取

組」平成29年２月

漁師さんが加工・販売まで―六次産業への取り組み

さらに同じ考え方で地域を豊かにする事例は、漁業にも登場しています。例えば、萩大島船団丸（雇用者数51名、経営主体は株式会社GHIBLI／山口県萩市）です。比較的大きな漁船が船団を組み、まき網漁を島ぐるみで行う地域です。しかし、市場で取引される価格の低迷などから赤字続きに。そこで取り組んだのが漁師による六次産業化でした（平成24年以降）。

一般的に漁師は漁獲を終えると市場に水揚げするまでが仕事。それが船上での加工（生け締め、箱詰め）、販売（小売、直販）までを始めたのです。取引先の意見を反映し、船上で行う鮮度保持加工（生け締め等）、さらには生け締めした漁獲情報をＳＮＳで提供して直販する「鮮魚ボックス」。商品を開発し、首都圏飲食店などへの直販を行ったのです。また、船上一夜干しなどの加工商品も開発しました。

それまでは「漁をして仕事は終わり」だった漁師さんにとって、一手間も二手間もかかる仕事に当初は反対もあったとのことですが、徐々に販売実績が広がることで、意識が変わってきたとのことです。

営業・販売を担当する坪内知佳さん（当船団・株式会社GHIBLI代表取締役）は、従業員（漁師さん）を順番に東京へ連れて行き、顧客に引き合わせました。「お客様を思いやれって言われていた意味がやっとわかった！」と漁師さんの意識が変わっていったそうです。

Iターン漁師も8名になり、移住した奥さん、生まれた子どもなど家族が増え、島が賑やかになってきました。「将来船をもってこの船団を継ぐ」と若い漁師さんが話すなど、仕事への充実感、夢も広がってきているようです。

萩大島船団丸（株式会社GHIBLI）

代表取締役：坪内知佳
船団長：長岡秀洋
雇用者数：51名（H27）

○売上高：３億１０００万円（H25）→３億５０００万円（H27）
○Iターン受入者：H24年よりIターンの受け入れ。H27年に８名。
○取引先数：20件（H25）→１００件（H27）
○主な加工商品の売上状況（鮮魚ボックス）：80万円（H25）→５９５万円（H27）

資料：農林水産省「６次産業化の取組事例集―農林漁業団体など複数の農林漁業者による取組」平成29年２月

『荒くれ漁師をたばねる力　ド素人だった24歳の専業主婦が業界に革命を起こした話』

萩大島船団丸（株式会社GHIBLI／山口県萩市）の代表取締役・坪内知佳さんによる同社の活動を記した本。６次産業化、経営改革の取り組みが読める／朝日新聞出版。

一体化の原則

利益の源泉を見出す法則は、農業でも漁業でも同じです。生産者の出荷価格の何倍、何十倍の価格を消費者が支払うケースは少なくありません。こうした価格の法則から導き出せるのは、生産と加工・販売が離れるほど生産者（産地）の利益は薄くなり、逆に生産と加工・販売が一体化するほど生産者を含めた産地が豊かになる可能性が高い、という原則です。

森づくりから住宅までを地域で行うのはハードルが高いでしょうから、そこまでではなくても、生産から商品が作られる様々な過程を一体化することで、付加価値を高めることは可能です。

例えば、自伐林家は森づくりと丸太生産・販売を一体化することで付加価値アップを実現できます（1世帯レベルの付加価値向上）。事業主体規模や生産量に関わらず、何らかの過程1つでも生産と加工・販売を一体化することの意味は大きいのです。

その一つが、地域に仕事・雇用を創出するというものです。地域の人々に仕事を創ることは、働く人に賃金が支払われ、これも立派な付加価値です。

先に挙げた生産と加工・販売「一体化の原則」は、仕事・雇用という付加価値を生産者・産地側に創出するということに他なりません。

一体化がなければ、雇用という付加価値は川下、都会の加工・販売企業に流れていきます。そうした現象があらゆる産業部門で続けば、雇用は都会側に偏在することになりかねません。

森づくりから住宅までを地域で手がける姿を究極型とすれば、そこまでは難しくとも、様々な課程で一体化の原則を実行することは可能です。

例えば、

①素材生産を行い、丸太を市場に出荷

②素材生産を行い、山土場で仕分けし、製材工場へ出荷

③地域内の事業体連携で素材生産を行い、中間土場で仕分けし、ロットをまとめて製材・合板工場等へ出荷

と、後ろの事例ほど地域内で付加価値を高めています。

また、地域内で製材まで行う場合は、

①地域内で生産した丸太を製材し、製材市場へ出荷

②地域内で生産した丸太を製材し、営業活動で受注した工務店等へ納品

③地域内で生産した丸太を製材し、さらにプレカットで1邸分丸ごとまとめて工務店等へ出荷

と、これも後ろの事例ほど地域内で付加価値を高めています。

すなわち、地域内で手間をかけ、その分、創り出す製品の価値を高め、全体収入を増やすこと。地域雇用を創り出し、総売上高も増えるという、地域の幸せの姿に近づけるのではないでしょうか。

農林水産業の6次産業化が全国で進められています。生産だけではなく、加工や販売までの一体化で地域経済を創っていこうとする取り組みです。その先駆けとなるビジネスモデルが林業・木材産業の分野にもあるのです。企業存続に必死で取り組んできた実践から生まれた貴重な智恵といえるでしょう。

全国の動向―「六次産業化・地産地消法」施行以降

農林漁業の産地での一体化を図る6次産業化は、国による支援が進められています。「六次

産業化・地産地消法」施行以降、次のような支援策が実施されています。

・計画づくり：

農林漁業者及びその組織する団体による「総合事業計画」

・国による認定：

上記計画を国が認定

・各種の支援実施：

各種法律の特定措置（融資償還期限延長等）、６次産業プランナー派遣、各種補助（新商品開発・販路拡大等に対する補助）、加工・販売等施設整備補助、ファンドからの出資（６次産業化事業への出資等）

平成23年５月の第１回認定以降、「総合化事業計画」の認定が年々行われ、平成29年10月31日現在で約２３００件。先に紹介した高知県の馬路村農業協同組合や萩大島船団丸（山口県）も本制度の認定を受けた事例です。

その成果ですが、早期に認定を受け、５年間６次産業化に取り組んできた事業者（１４８）の平均売上高を示すグラフ（図３）から、順調に成果を挙げている様子がうかがえます。

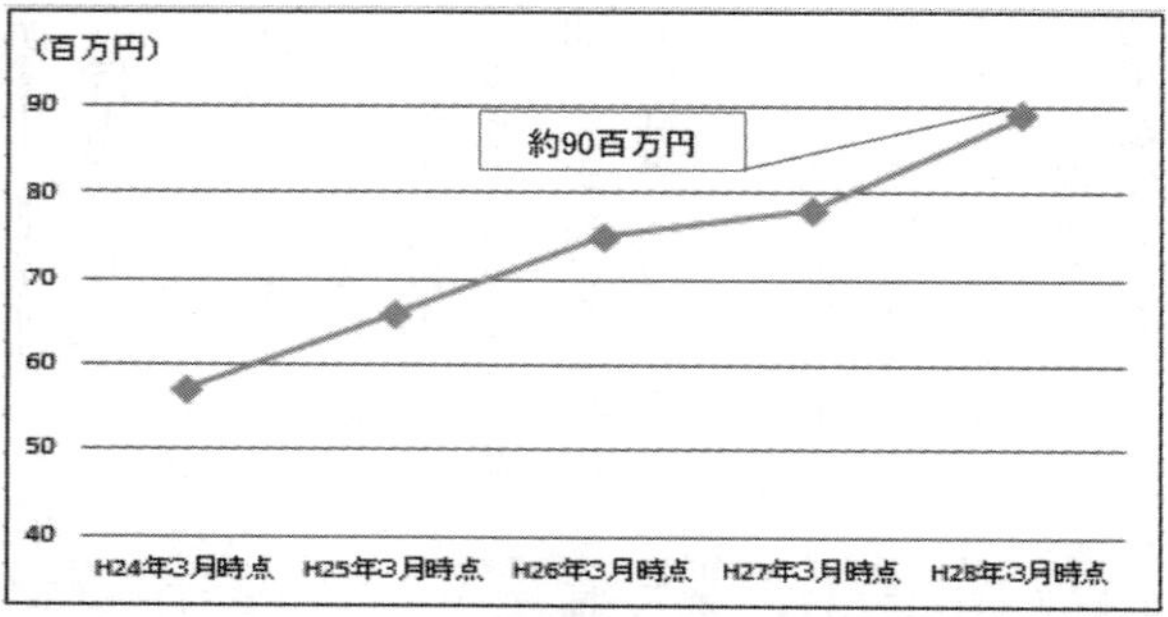

図3　1事業者当たりの農林漁業及び関連事業の平均売上高の推移

資料：農林水産省「6次産業化をめぐる情勢について」平成29年11月

一貫生産、しかし地域で一体化ではない―地域に不幸をもたらした歴史

伐出、素材生産から製材、合板、集成材、さらには製紙まで1つの会社が一貫生産し、高収益を謳歌する。そんな会社で起きた林業変革の歴史的な出来事があります。カナダ・ブリティッシュコロンビア州（BC州）で起きたクレヨコット・サウンド事件（1993）です。

出来事自体はシンプルです。林業会社の伐採従事者やその家族が林道上に立ちふさがり、林業会社の車輌が伐採現場に入ろうとするのを阻止しようとしたのです。プラカードには、「私たち林業従事者は、持続型ではない林業に反対します」と書かれていました。

大勢の逮捕者も出てしまい、ロガー（伐採従事者）が林道上でデモ、相手は林業会社、という特異性がメディアに大きく取り上げられ、たちまち話題になりました。他所から来た環境保護運動家が林業を妨害する行為と、ロガーたちのデモは全く意味が異なります。

なぜ、ロガーがデモを行ったのか。それにはこんな理由がありました。当事者である巨大林業会社マクミラン・ブローデル社（※マクミラン・ブローデル社は、その後１９９９年にウェアハウザー社に買収されています）は、林業から製材・加工、製紙まで一貫生産を行い、巨大な利益を上げていました。生産の各段階で高度な生産性を達成していたからです。

その一つがフェラーバンチャによる素材生産です。そのおかげで会社は利益を享受していましたが、伐採地の地域では、現地採用従事者が次々と解雇（雇用制度的にはレイオフ）され、失業者が続出したのです。なぜなら、収穫する木があっという間になくなり、会社は伐採現場を州の他地域へ移動します。それに伴い、地域によっては解雇者がたくさん出てしまったのです。林業従事者やその家族が林道上に立ちふさがったデモの理由は、そこにあったのです。仕事がすぐになくなるような林業ではなく、仕事が継続する林業にしたい（してほしい）。そんな心情だったのでしょう。

伐採する森林は、全て州有林であり、州の伐採権を入手しての伐採ですから、ある地域を伐り尽くせば、別の伐採権取得地域へ伐採現場を移すだけですから、会社としては何も困りません。しかし、従事者が住む地域にすれば、たまったものではありません。森林地域では林業以外の仕事を見つけることが困難であり、解雇された伐採従事者とその家族が町を離れるという現象が続きます。１９８１～１９９１の10年間に人口が10％～33％も急減する町が続出します。林業会社は高収益を謳歌する一方で、林業で働く人や地域は不幸になる。そうした不幸の構造を社会に認知させたのが、冒頭で紹介したクレヨコット・サウンド事件だったのです。

すなわち、この事例は林業から製材、加工、製紙まで一貫生産を行っていましたが、これらの工程に地域が加わって一体化していたわけではありませんでした。

その後、政治上の課題として州政府や議会で議論され、持続可能な林業へ向け、州は大きく進路変更することになりました。このときに議論された1つの指標が、地域に生じる雇用者数です。すなわち、地域に伐採量１０００㎥当たり何人の雇用を生み出すことができるかというものです。当時の指標では、マクミラン・ブローデル社のような林業では、伐採量１０００㎥当たり０・88人の雇用しか生み出せていないという指摘です（１９６１年では２人雇用／

１０００㎥）。州の財産（すなわち州民の財産）である州有林であることから、そこから何人の雇用を生み出せるか、という指標は政策検討の目安として有効と考えられました。

このような雇用／伐採量という指標は、現在でも林業が雇用を通じて地域活性化に資する効果を計る上で、有効ではないかと思われます。すなわち、林業（伐採・搬出）のみでは、小さな雇用量ですが、例えば、生産と加工・販売が地域で一体化すれば、伐出、製材加工、販売・営業のそれぞれで雇用が発生しますから、１０００㎥当たりの雇用者数は必然と高くなるでしょう。

また、ＢＣ州内では地域一体化の林業スタイルとして、小規模の製材やドア・階段などの木製品加工・販売事業までを行う地域内一体化が注目され、そんな企業事例がメディアでも紹介されました。

カナダＢＣ州の事例は、一貫生産ではあったが、一体化ではなかった。現場従事者や地域は、高付加価値創造の１メンバーではなく、仕事がなくなれば解雇される存在でしかなかったわけですから、一体化とは無縁の林業ビジネスであった。そんな歴史から、私たちは何を学ぶのでしょうか。

資料：白石善也「林業の新しい潮流」林業改良普及双書NO.131、全国林業改良普及協会、1999

資料：Statistics Canada, Ministry of Forests Anual Reports.
Michael M'Gonigle and Ben Parfitt, Forestpia A Practical Guide to The New Forest Economy, Harbour Publishing, 1994

小規模の優位性―分散自律

前項ＢＣ州の歴史は、大規模・大量生産で高収益は挙げたのに、地域の人々・林業従事者を残念ながら幸せにすることはできなかったというものです。

そもそも大規模なマネジメントに優位性があるのかどうか。そこを問う企業が登場しつつあります。

例えば、林業改良普及双書NO.189「続・椎野先生の「林業ロジスティクスゼミ」」著者・椎野潤先生は同書で、横浜ゴムの小規模工場による分散自律型システムへの取り組みを紹介されています。タイヤを１日１万本生産できる工場を造るより、１日２０００本生産の小規模工場をたくさん作り、小規模工場を連合させて、結果として大規模生産を達成するしくみ作りの事例です。

小規模工場を分散させるシステムは、それぞれの生産現地市場の規模に合わせ、売れる速度に対応し、初期投資も少なくてすむ、カントリーリスク、災害等リスク分散が可能など利点はあるのですが、問題は管理コストです。大規模工場（１拠点集約型）に比べ、管理が分散化し、その分管理コストがかかるため小規模工場分散は不利と言われます。けれど、ＩＣＴによる情報共有、小規模工場の協調化が進むことで、不利と言われた条件が改善される可能性が指摘されています。

一方、小規模工場は、技術者・技能者一人ひとりの現場力・対応力が求められ、そのことで人材が育つとされます。小規模工場はスタッフも少数で、一人で対応する職務も多様ですし、予想外のリスク対応など、何でもやらなければならない状況です。人任せにできない分、自分でやらなければと意識が高まり、それが現場対応力を引き出し、技術・スキルがグンと高まるという判断でしょう。

「少数精鋭」という言葉があります。いま、経営の場面では「少数は精鋭化する」という意味で使われるようです。例えば、現場で1チーム20人で対応する職務を組み替え、1チーム5人編成とすると、一人ひとりの考える力が伸び、すなわち少数だと精鋭化するというわけです。仕事のやりがいも高まるという判断です。こうしたマネジメントは、横浜ゴムの小規模工場の取り組みでもあります。

小規模は人材を育て、現場のノウハウも蓄積され、それらは全て知的財産となります。かさばり、空気をも運ぶ商品であるタイヤ。運送コストを考えたロジスティクス戦略から見ても、小規模工場分散、連合型でマーケットに対応する有利性が明らかになってきました。工場から顧客までの運送距離・コストを最低に出来る工場規模・数・立地の最適解を実現することは難しくはないという経営判断があったのでしょう。

ＩＣＴ技術が進み、小規模を統合して市場に対応するマネジメント技術が進めば、タイヤ以上にかさばり、重い木材・木材製品の工場立地やサプライチェーン構築に対する考え方も変わってくるのではないでしょうか。丸太の加工工場集荷距離、製品と顧客までの距離。どこに、どの規模で、どのように配置すれば運送コストを最低にしつつ、林業・木材産業界全体の安定供給が可能になるのか。その最適解はどこにあるのか。私たち林業側の研究テーマは膨らんできます。

資料：椎野潤ブログ、横浜ゴムのスモールな工場作り、２０１２年2月27日
資料：椎野潤「続・椎野先生の「林業ロジスティクスゼミ」　ＩＴ時代のサプライチェーン・マネジメント改革」林業改良普及双書 NO.189、全国林業改良普及協会

従業員の幸せは会社の幸せをもたらす
――持続可能な経営のために

ブラック企業からの脱出

企業で働く従業員にとって幸せとは何でしょうか。幸せの定義は人それぞれですが、働く視点から見れば、少なくとも次の2点が必須要件ではないでしょうか。

（1）会社が持続し、仕事があり続けること
（2）肉体的・精神的に無理なく働くことができること

1番目については、先に紹介したとおりです。ここでは、2番目について考えてみましょう。

ブラック企業という言葉が象徴するように、従業員が肉体的・精神的に追い詰められる仕事

環境を強いている実態が指摘されています。不幸な事件もなかなかなくなりません。「ブラック企業リスト」と呼ばれる一覧の公表を厚生労働省は２０１７年５月から始めています。長時間労働や賃金不払い、危険な環境下で作業させるなど労働関係法令に違反した疑いで送検された企業などの一覧のことで、毎月更新され、厚生労働省サイトで公開されていますから、誰もが「ブラック企業リスト」の最新情報を確認することができます。

資料：「労働基準関係法令違反に係る公表事案」、厚生労働省サイト

なぜ、企業の経営者が「ブラック」の道に進むのか。そこには、長時間働いてもらわなければ経営が成り立たない、という単純な思いこみがあるのではないでしょうか。

こうした疑問の答え探しに参考となるある会社の事例を紹介します。ＩＴ企業・ＳＣＳＫ社が、経営方針を一変し、全社を挙げて「働き方改革」を行い、社員を幸せにする路線に変更したというものです。

以前同社はブラック状態と言われた会社ですが、残業を半減、有休休暇取得をほぼ１００％達成。働く時間を大幅に減らしたにもかかわらず、営業利益は逆に１・６倍となったのです（図

SCSK株式会社。ITサービス大手。システム開発、保守運用・サービス等。設立1969年。2011年10月に住商情報システム（SCS）がCSKを吸収。子会社にクオカード。従業員11,910人（連結ベース）。

資料：同社会社概要より、2017年3月31日現在

・厚生労働省【第1回　働きやすく生産性の高い企業・職場表彰受賞企業】最優秀賞（厚生労働大臣賞）受賞（平成29年3月）
・日本経済新聞「人を活かす会社調査総合ランキング」1位（平成26年、平成27年）

4参照）。従業員は通常時間に帰宅、家族と夕食を楽しみ、ぐっすり寝て翌日スッキリと働く。そして残業代分の収入も減ることがない。従業員も会社も幸せになったのです。なぜ、実現できたのでしょうか。

残業時間半減へ―働き方改革

同社はＩＴサービス、システム開発といったＩＴ業界に共通する長時間残業が当たり前の会社でした。２００９年に経営トップとなったのが中井戸信英会長です。従業員が深夜までへとへとになって行う仕事は、本当にいい仕事なのかという疑問がスタートでした。社員が健康を保ち、心身充実した状態で働いてこそやりがいもあり、顧客を満足させる品質を達成できるのではないか、と働き方改革を決断しました。

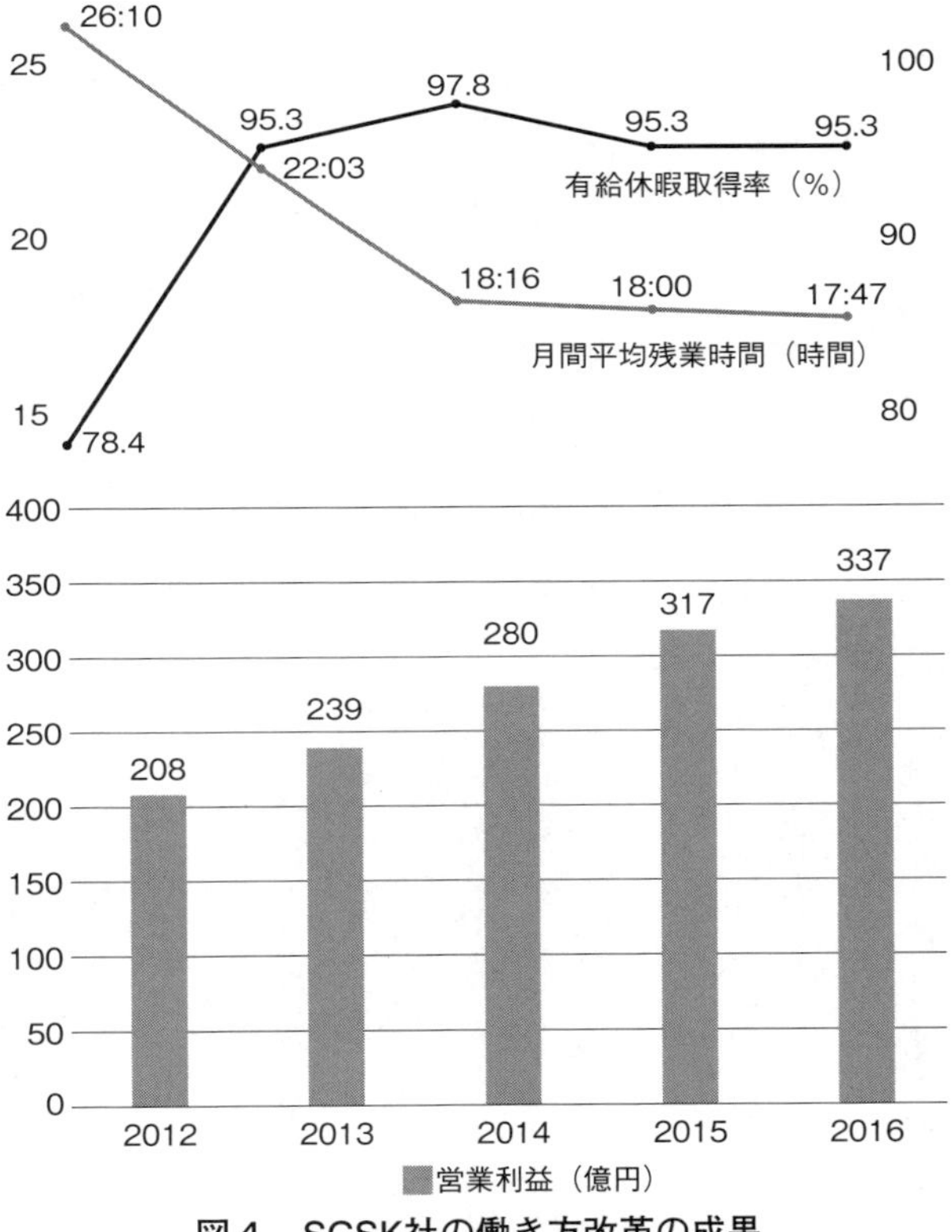

図４　SCSK社の働き方改革の成果

下段の棒グラフは営業利益の推移、上段の折れ線グラフは月間平均残業時間の推移（左目盛り）と有給休暇取得率（%）（右目盛り）
資料：「統合報告書 2017」SCSK 株式会社

具体的には、

○残業時間を半減する→目標平均残業時間20時間／月以下

○有給休暇取得率を向上させる→目標１００％（20日）取得

という内容でした。

「人を大切にします」という経営理念を掲げ、経営トップ自ら社員・家族自宅宛に経営者としての考えを伝える手紙を出し、これが社員自身はもちろん家族にも思わぬ反響を呼びました。

さらに一歩踏み込んだのが、社員のプレッシャーを予測し、それへの対応までを考えたことでしょう。すなわち、会社が残業を減らすことはいいことだとしても、

○労働時間が減れば自分の仕事が処理できなくなるのではないか、

○残業代が減り、収入減になるのではないか、

といったプレッシャー。

それに対し、業務を効率よく行うための手段を打ち出しました。具体的には、

○多忙なプロジェクトへの人員投入（他部署からの移動や応援等）

○日次・週次での業務明確化（優先順位、無駄の見極め、残業への対応を部内で週次に検討、

対応策を採る）
○以上により、上司部下、部門間の連絡を密、バックアップ体制を強化、忙しい部署をカバーする
○会議の効率化（立って行う、会議時間の短縮、17時以降の禁止等だらだら防止）
○フレックス・裁量労働の活用（繁閑に合わせ時間外労働の削減）
といった内容です。つまり、チームワークの取り方、段取り、仕事の仕方を変えていけば、残業時間を減らしても、仕事は処理できるという方策です。

「残業が減れば、仕事が回らなくなるのではないか」という社員のプレッシャーに答える対応です。


ＩＴ技術者は優秀な人材が多いのですが、難しい仕事を一人で抱えこんでしまい、残業や休日出勤につながることが多い実態を踏まえ、一人ではなく部内や部署を越えて全体でカバーし合う体制を作ったのです。

また、ＳＥなどは顧客先に在駐し、システムの保守・運用などを行う業務が多いため、顧客側の理解が得られなければ残業削減は難しくなります。経営者が直接顧客へ「働き方改革」取

組の実態を伝え、理解を求める活動も行いました。

また、仕事の方法も改善しました。システム開発では、試作品を顧客に提出し、そこで数々の修正要求が出て、システム修正作業に技術者が追われ、残業残業となるケースが多かったのです。「作っては修正する」を繰り返すやりとりを減らすことができれば、大幅に就業時間を減らせます。

そこで、

○試作段階で複数担当者による社内チェックを行い、事前に修正

○こまめに顧客に都度提出し、顧客の要望を聞き込むと共に、大幅な修正が出ないようにする、

などの工夫を行いました。

さらに、こうした会社全体の残業削減の取り組みの結果、削減された残業分人件費はすべて社員に還元するという方針も打ち出しました。つまり、さまざまな工夫で「残業を減らせば、浮いた残業代を払う」という分かりやすい施策です。

こうした取り組みを始めた初年度には、10億円程度の残業代が削減され、それを全て社員に還元（賞与に加算）したのです。制度を作っただけでは駄目で、「社員の心にタッチしたところで考える必要がある」と中井戸会長（当時）は話します。

就業時間は大幅に減った。業績はどうなったのか

就業時間を大幅に減らし、従業員の健康を取り戻したＳＣＳＫ社。では肝心の業績はどうなったのか。結果は、６期連続で増収増益を続け、営業利益は１・６倍に。「働く時間が減れば、当然営業成績も落ちる」という懸念とは反対の結果となったのです。

当初、「働き方改革」を始めた経営トップ・中井戸会長は、業績ダウンを覚悟していました。社内や株主からも業績を上げ続けることへの重圧はあったはず。にもかかわらず、ダウン覚悟で思い切った「働き方改革」を実行したのはなぜでしょうか。

一つには、経営の目標として、規模や売上げより、「一流の会社になるためには社員の健康が欠かせない」という思いです。今までより少ない時間で同じ仕事をこなすことを実現。しかも、従業員の肉体的・精神的健康が向上し、技術者を始め全従業員一人ひとりにアイデアも出るし、仕事の質も向上する。顧客の感動と喜びにつながる仕事が出来る。結果として生産性が飛躍的に高まるという姿。これが一流の会社の条件であるという目標像が描かれていたのでしょう。

「働き方改革」を実行する中で、社内では次のような変化が起きていました。上司部下、部門間の連絡が密になり、バックアップ体制を強化、忙しい部署をカバーするという意識が全体で共有されました。ＩＴ技術者がさまざまな課題を一人で抱え込み孤立して苦しむ、という姿から、チームや組織で考えて取り組む組織開発が実現したのです。仕事の品質の向上、生産性向上に大きく寄与したのがこの組織開発です。

資料：「統合報告書２０１７」ＳＣＳＫ株式会社
資料：「ＳＣＳＫにおける〝働き方改革〟スマートワーク・チャレンジの取り組みと成果」ＳＣＳＫ株式会社、２０１７年２月
資料：「ブラックからホワイトへ！〝働き方革命〟最前線」カンブリア宮殿／テレビ東京、２０１７年１月12日

人材の大切さをあらためて

従業員の健康こそが優れた会社の条件であることを見事に実証したＳＣＳＫ社の事例。そこから私たちは何を学ぶのでしょうか。

労働災害を招いてしまえば、肉体的な健康増進どころではありません。従業員のケガが発生しやすい経営環境ではないことの確認が求められるでしょう。

精神的な健康面はどうでしょう。ＳＣＳＫ社の事例では、技術者の孤立を防ぐ方策が採られました。すなわち、技術者・技能者が孤立して、難しい仕事を一人で抱え込み、追い込まれて仕事をする環境を見直しました。チーム、部門間の密な情報共有、仕事のバックアップ、応援態勢で、孤立せず、管理部門と現場がよいチームワークで取り組む組織開発が進みました。これが現場の孤立を防いだという事例でした。

仕事の困難さ、時間の無さを管理部門が理解してくれず、バックアップもなく、一人で抱え込む孤立ほど、苦しいものはありません。

肉体的・精神的健康は、具体的に見ると全て仕事の質・量を大きく左右する重要要素です。そして健康が保たれ、仕事のやりがいを実感できる環境を経営者が創り出すことは、経営の成果に直につながることを事例が教えてくれています。

冒頭で紹介したいわゆる「ブラック企業リスト」（労働基準関係法令違反に係る公表事案、厚生労働省、毎月更新）は、全国各地の企業・事業場事例が掲載されています。問題となった広告代理店の事例などに見られる長時間労働だけではなく、現場で危険な作業を行わせた送検事例も目立ちます。

資料：「労働基準関係法令違反に係る公表事案」、厚生労働省サイト

こうした一部の違反事例公開リストから、その業界全体が危険な職場であるという印象を持たれるのは残念なことです。リストに掲載された会社の従業員さんにとっても残念なことでしょう。厚生労働省のリスト公開は、経営者の姿勢を指摘しているわけですから、経営者の判断でそこを変え、改善し、従業員が安心して働くことができる、よりよい会社を作っていくことが期待されているのではないでしょうか。

息子、娘を思う親の気持ちから、林業への就業に反対する親御さんの話を時々耳にします。理由は、林業は危険だという印象を持っておられるのです。

家族の理解が得られる会社、夫・妻あるいは子どもたちを安心して送り出せる職場。そんな職場を創り出す経営が会社の将来を創って行くのかもしれません。

従業員満足度は経営成果を左右する

従業員満足度を重視する会社は、業績や人材確保・定着も良い。企業に関する定量的な調査から、そんな傾向があることが報告されています。

結果を取りまとめているのが、企業の雇用管理の経営への効果に関する調査研究事業（厚生労働省委託事業）の報告書です。

資料：厚生労働省委託事業「今後の雇用政策の実施に向けた現状分析に関する調査研究事業報告書」三菱ＵＦＪリサーチ&コンサルティング、平成28年３月

・従業員規模20人～999人、操業10年以上の会社に対するアンケート調査結果（有効回答数1709社）及びヒアリング調査（20社）

顧客満足度を重視した経営方針を採る企業は多いのですが、それに加えて自社の人材力を引き出す従業員満足度重視をも実施する企業は、より高い業績をもたらすのではないか、という仮説に基づいた検証がこの調査の目的です。

結果として、その仮説は以下のように実証されています（図5参照）。

・業績（指標として売上高営業利益率）の増減をみると、従業員・顧客満足度重視、および従業員満足度重視の企業が好成績を示している。

・従業員数の水準をみると、従業員・顧客満足度重視、および従業員満足度重視の企業が好成績を示している。

従業員満足度を重視した経営を実施する企業は、業績も、そして従業員数（人材確保）も、顧客満足度重視経営などより好成績となっている傾向があることが実証されました。

本調査で定義する従業員満足度重視の根拠となる雇用管理改善の取り組みとは、以下のような項目です。

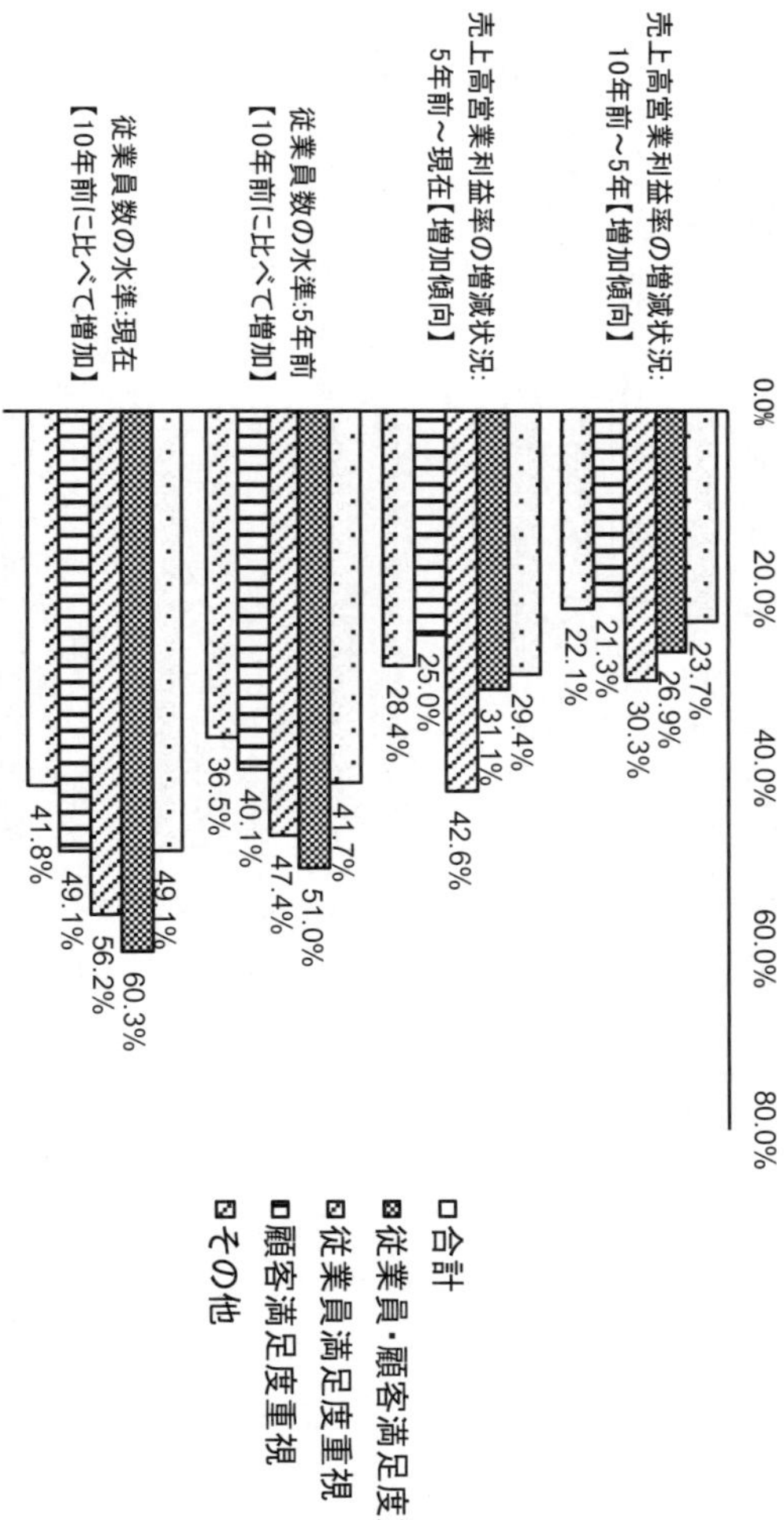

図５　経営方針と業績、人材確保の関係

資料：厚生労働省委託事業「今後の雇用政策の実施に向けた現状分析に関する調査研究事業報告書」三菱ＵＦＪリサーチ＆コンサルティング、平成28年３月

〈評価・キャリア支援〉

(1) 専任の人事担当者を設けている
(2) 働きぶりを評価し昇給や昇進に反映する仕組みがある
(3) 社員への人事評価結果とその理由をフィードバックしている
(4) 社員一人ひとりの育成計画を作成している
(5) 管理職の評価項目に部下育成への取り組みを含めている
(6) 正社員以外の従業員について働きぶりを評価する仕組みがある
(7) 正社員以外の従業員から正社員への登用制度がある
(8) 正社員以外の従業員に能力開発の機会がある

〈ワーク・ライフ・バランス、女性活用〉

(9) 全社的に残業削減に取り組んでいる
(10) 年次有給休暇の取得を促進している
(11) フレックスタイム制や短時間勤務制等の柔軟な労働時間制度を導入している
(12) 在宅勤務、サテライトオフィスなど柔軟な勤務場所を設定している

(13) 女性の採用拡大や登用促進など、ポジティブ・アクションを推進している

＜その他人材マネジメント＞

(14) 朝礼や社員全体会議での会社のビジョンを共有している
(15) 従業員の意見を吸い上げて改善・改革に結びつける仕組みがある
(16) 職場の人間関係のトラブルを解決する仕組みがある
(17) 新人に育成担当や相談者（メンター）を付けている
(18) 社員が仕事や配属先の希望を出せる仕組みがある

従業員満足度とは、言い換えると従業員を幸せにすることです。これを経営方針に掲げ、雇用改善政策として実践する会社は、従業員を幸せにする会社の必要条件を有すると言い換えてもいいでしょう。

本調査では、雇用改善に取り組む企業（従業員・顧客満足度重視企業）には次のような特徴があると指摘しています。

・「経営ビジョンがあり、従業員に浸透している」会社

・「企業の競争力の源泉は従業員一人一人の働きにある」、「社業の発展のためには従業員全体の育成や処遇を大切にすべき」、「必要な人材は社内で育成・活用」との考え方が強い会社

事例編 1

将来に向けての種を見いだす
目利き経営と誠実な製品づくり

株式会社 山長商店
代表取締役会長
榎本長治さん（和歌山県）

●経営者インタビュー

将来に向けての種を見いだす目利き経営と誠実な製品づくり

株式会社　山長商店　代表取締役会長　榎本長治《ちょうじ》さん（和歌山県）

江戸時代中期（1700年頃）に薪炭の商いからスタートした株式会社山長商店。以後、和歌山県田辺市に拠点を置き、代々の経営者による、先を見越した経営が引き継がれています。今日、グループ会社との一体型経営の下、現在、5000haにもおよぶ山林の経営から、伐採・製材・乾燥・プレカット加工・販売までの一貫体制を築いています。また、地域資源である紀州材にこだわり、誠実な製品づくりを通じて、市場からも高い評価を得ています。

そこで10代目となる榎本長治会長に、長寿企業として会社を継続していくための経営のポイントを、歴史の過程を追いながら伺いました。

変化の歴史―持続する経営を求めて

山長グループで一貫事業体制を

（株）山長商店
代表取締役会長　榎本長治さん

まず、現在の山長グループ全体の概要を見てみます。そもそもの起源は、江戸時代中期頃、和歌山県の田辺で薪炭の商人としてスタートします。江戸時代末期から育林事業に着手し、山林購入を進め、紀伊半島南部に広がる自社所有林は５０００ha。個人所有としては日本有数の山林面積です。

昭和27年には㈱山長商店を設立し、林業から木材・製材業へ経営の軸をシフトしていきます。そして現在、山長商店を中心に、榎本家および親族の山林を管理する山長林業㈱、首都圏で建材販売を担当するモック㈱、土砂砕石の販売を行う紀南砕石工業㈱で山長グループが形成されています（次頁、図参照）。

山長グループで注目したいのは、５０００haの山林経営（山長林業）から、他の林家からの立木購入・伐採・製材・乾燥・プレカット加工（山長商店）、販売（モック）まで、自社による一貫事業体制が構築されている点です。グループ会社との一体経営（後述）で、高品質の紀州材製品を、消費地である首都圏の工務店に安定供給しています。

紀州材というブランドを強みに、植林から素材生産、加工・販売までの一体的な経営を築いてきた山長グループ。そこには長い歴史を通じて、時代の転機に対応し、持続のために生き残りをかけた経営判断の積み重ねがあります。それは目先の状況に対して場当たりではない、先を見据えた経営判断の歴史でした。長寿企業が積み上げてきた時代時代の経営判断の歴史を追っていきます。

明治時代に薪炭問屋から林業・木材産業へ

山長グループのルーツを遡ると、江戸時代中期に、新庄村の商人の山庄から分家した屋号「山

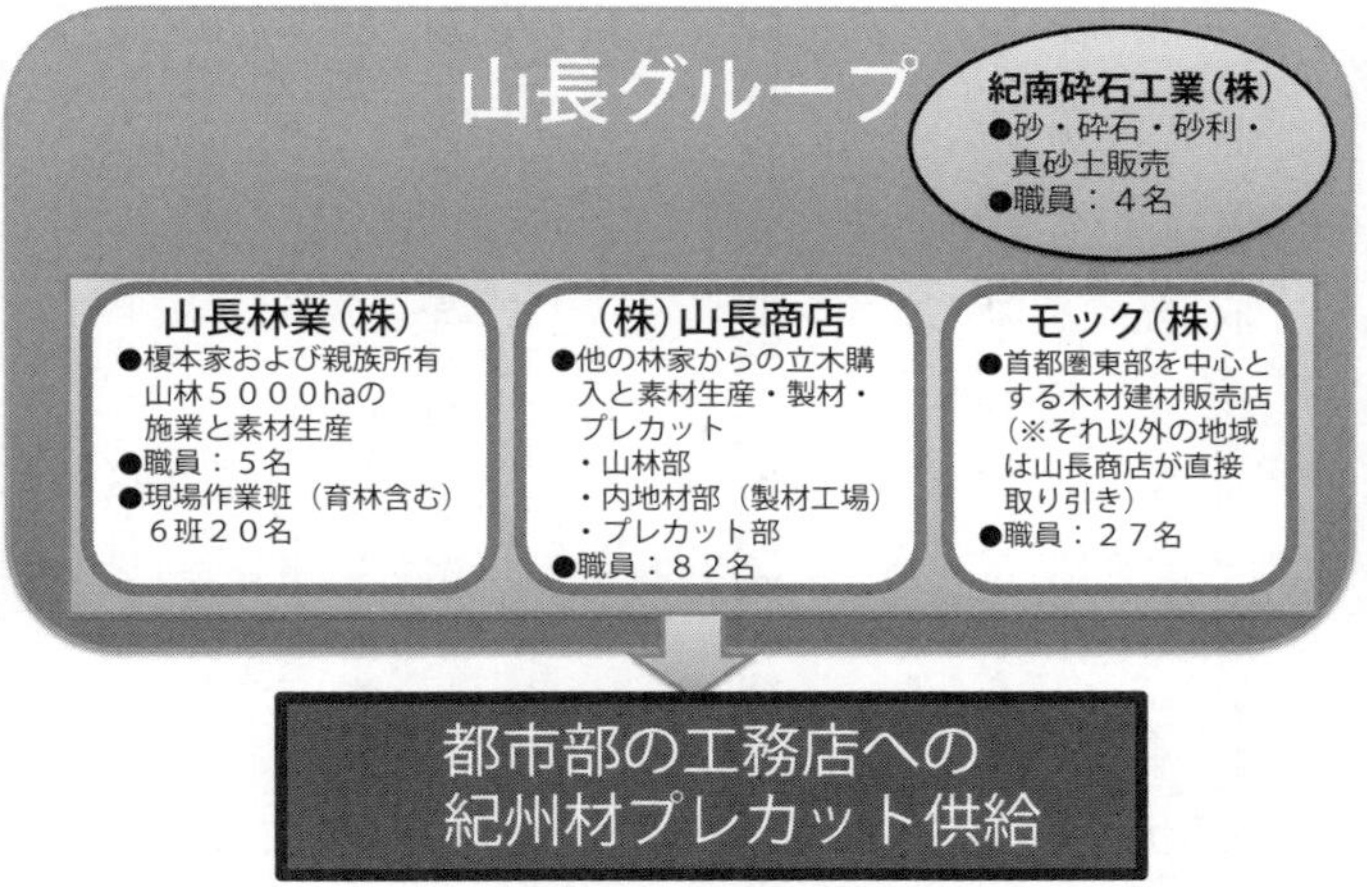

山長グループの概要

長」が起点となります。そもそも紀州は備長炭の発祥地であり、当時から優良な燃料として取り引きされており、山長は主に備長炭の問屋を営んでいました。最初に林業に取り組んだのは１８１５年で幕末までに約20筆の山を手に入れています。所有した広葉樹林の谷の川沿いに炭窯を築き、その山から生産されたウバメガシの原木を地元の炭焼き職人に焼かせて、生産された炭を買い取り販売するという経営モデルが成立します。これを機に徐々に山を買い足して、順次生産量を上げていきました。

　やがて時代は江戸から明治時代に変わり、社会情勢が一変します。7代目の榎本長七《ちょうしち》は、本格的な林業経営への参入を試みます。明治という新たな時代への節目を読み、薪炭問屋という枠を超え、スギ・ヒノキやモミ・ツガなどの黒木を扱う林業・木材生産に打って出ます。榎本会長がこう説明します。

「曾祖父の長七という人は大変な事業家で、明治10年代にはスギ・ヒノキの山や炭山を毎月何十筆と買い付けていました。山奥の所有山林に水力を動力にした「山長製板所」を設立し、板材を挽いて販売を行いました。和歌山の新宮にも支店を出し、東京にも20回ぐらい出かけていたようです。また捕鯨船まで手を出していたようです」

突然の経営危機、不況の中の経営の窮地を凌ぐ

ところが事態が一変する出来事が起こります。大きく事業を広げていたところで、長七が52歳の若さで急逝。住民から出資を募り運用する民間金融から多額の借金があり、莫大な借財を背負うことになります。8代目の傳治《でんじ》はこのときまだ旧制中学生。攻めの経営から一転、突然の経営危機に陥りました。この試練の状況をどう凌ぎ、生き延びたのか。

この危機を取り仕切ったのが長七の妻・いちでした。独自の経営感覚でこの山長存続の危機

を凌ぎます。

「経営を継いだ曾祖母のいちは、大変度胸のあった人だったそうです。疑念のあった番頭達を皆解雇し、投資していた大規模な山林なども整理していきました。

　他人の儲け話をすることをとても嫌がり、経営については、〝川の魚は網で追いかけても大して捕れない。川下に網を仕掛けておいて川上から追い込んでガサっと捕るんだ〟と傳治を諭したそうです。また干支で景気循環を予測し的中させていました。亡くなる間際に、売れるものはすぐに売れと言ったそうです。その翌年、大正９年の大不況が起きたそうです」と榎本会長は説明します。

　８代目として家督を継いだ傳治は、中学を中退して父の借金返済、そして大正９年の暴落、昭和初期の大不況と、人生で３回もの厳しい局面に立ち向かうことになります。

　元来、几帳面で勉強熱心な性格から、各地の所有山林をつぶさに調査、「山林収利簿」という緻密な台帳を基にした経営を行います。当時、山の管理をする世話人も誠実で自らが山で働く人を任命、彼らの毎月の勘定報告を事細かに管理しています。

「祖父は、日々、朝５時には机に向かい、山林ごとに収入と支出、売買契約書や施業内容、何日に誰にいくら渡したとか、支出が集計できるようになっていました。そうやって20歳までに

山林収利簿　写真提供：（株）山長商店

家の借金にけりを付けたそうです」と榎本会長。

大正の震災後から昭和初期の大不況が続き材価は低迷。傳治は「こんな安い時は山を売ったらあかん」と方針を定めます。その間、炭を焼いて売る商売も継続していたことから、不況時代は炭山の収入で不況を凌いだということです。また傳治は、地域の林業家と所有林の交換分合を、今でいう団地化を行っていました。「社有林に700haの団地があるのですが、これも当時、林業家と山を交換して相互に団地化できるようにしていたようです。尺〆（1・3石）10円を目標にして、伐り木（スギ・ヒノキ）を安く売らないように頑張れと傳治は言っていたそうです」と榎本会長。

商売人から自伐へ、林業家としての家訓

昭和10年頃から景気が回復して、ようやく尺〆10円の時代が来ます。苦しい時期を乗り越え、本格的な木材業への参入を目指していきます。当時、山林所有者としての商売は立木のままで山を買ってもらう立木売りが主流。しかし傳治は「林業家として、例え実入りが少なくなっても自伐して最終消費者まで持っていくのが本当やないか」と考えました。そこには単に山を商いの手段とするのではなく、林業家としてのあるべき姿勢を重視した経営がありました。

「祖父は山持ちと言われることを非常に嫌いました。ただ山を持っている山持ちであってはいかん。良い山を育てる林業経営者だと言われるようになれと。これは現在まで続いています」と榎本会長。そして製材工場に賃引きしてもらい製品として売るようになりました。

こうして明治の終わりから昭和の初めにかけて購入し植林を進めてきた山林から、自伐を積極的に着手していきます。この考え方は家訓のように次代に引き継がれていきます。

木材業への参入、育林から消費者までの一貫経営体制へ

9代目の長平は、昭和13年に和歌山高商を卒業後、積極的に山を買う経営に乗り出します。この当時、山を買い、出材して、河口の製材工場に賃引きさせて、それに山長の刻印を打って販売する経営モデルを確立していました。

「私の父の長平は非常に積極的な人で、正月に周りが着飾っているなかで、親父は山行きの格好で汽車に乗っていたという逸話があるほど、昼夜を分かたず山を買っていたようです」と語る榎本会長。

戦後の復興時に建築需要が急激に増え、木材価格はうなぎ上り。山を買った方が勝ちという状況です。田辺にも大手製材工場が10社ほど林立し、競って山を買い、出材し、自社で製材をして売る経営モデルが定着します。こうして山長でも自前の製材工場を設立する運びとなり、昭和27年に㈱山長商店を設立します。

この頃、木材運搬船（機帆船《きはんせん》）で大量に大消費地に木材を供給できる産地として、紀州田辺が急激に存在感を増し、今でいう外材のような位置付けでした。東京にも紀州材問屋というグループも存在していました。また山長商店も他の4社とグループを結成し、田辺5社で梅検マ

山長９代目の榎本長平。（株）山長商店の創業者でもある　写真提供：（株）山長商店

ークという共通の品質基準を設けて、東京へ機帆船での出荷を精力的に行っていました。

「当初は市場が大阪でしたが、昭和25年頃から東京に市場を変えました。東京は市場規模が特に大きく、また大阪の周辺には吉野や徳島、高知、中国地方の林業地があり、競争が厳しい。名古屋も三重や天竜がある。そこで田辺の商人は東京に向かったのです」

原木不足から共同輸入、米材製材へ

ところが昭和35年頃から製材工場で原木不足が問題となってきます。原木を求め四国や中国地方に架線集材技術を持って山を買い付けに行くようになります。その一方で、外材輸入に目が向けられるようになってきます。

「ちょうどその頃、商社を通じてアメリカにベイツガという木があると聞き、5社グループのメンバーが渡米して、5社グループで山を買い付け、共同輸入することになりました。アメリカではベイマツばかりで、ベイツガはあまり使われておらず、節のない目込みのオールドグロスがあることに目を付けた。また材の色が白いことからスギの代替材として東京に売り込むこととしました。初期のベイツガ産地は田辺と静岡の清水、広島の3箇所でしたね」と榎本会長。

やがて米材は市場で人気となり、全国の港で米材が扱われるようになります。外材船が直接港に横付けできる大型の港のある他産地との競合も厳しくなってきます。さらに、カナダなどの製材会社が日本向けの角材を作り出すようになり、直接、東京に大量に製材品が入るようになってきます。

「山長でも内地材製材をやりながら米材製材にも力を入れていき、一時は儲かりました。しかし、海外から原木を輸入して田辺で製材して東京で売るというビジネスモデルが成立しなくなってきました。米材輸入のフロンティアであった田辺でも10年ぐらい前に米材製材はゼロになりました」と榎本会長は振り返ります。

東京での小売り部門を設立

米材で活路を開いたはずが米材で採算が取れない状況になってきました。国産材による製品づくりで活路をどう拓いていくかがカギになります。そこでキーワードとして「プレカット」の話が出てきました。

「私の前の社長であった叔父の榎本光男が早くからプレカットに注目していました。たまたま和歌山県内の近くの山奥にプレカット工場ができたので、一部そこに賃加工をお願いして、プレカット材を東京に送ることを試みました。東京での製材品販売を担っていたのが埼玉県八潮市にあるモック㈱です。

外材製材が華やかな頃は、大手ビルダーに製品を納める納材業務を行っていましたが、踏み倒されたりするリスクもあり利益が出ない。そこで叔父の光男が納材から小売りに切り替えさせた。周辺の工務店へ営業に回り、製材品を売りながら、建材、住宅資材、水回りを売ったりして、工務店のご用聞きのような形態でかなり成長して力を付けた。そのルートでプレカット材も手掛けて、月20棟ぐらい売っていました」

このようなプレカット進出により、生き残りをかけた次の一手が見えてきました。この一手が、後々の大きなビジネスを生み出すことになるのです。

プレカット工場設立と工務店連携へ

外材製材に見切りをつけ国産材製材で勝負をかける山長商店。それまでの国産材製品の流通形態は、メーカー（製材工場等）→問屋→小売店→大工・工務店という形態でした。ところがこの頃から国産材流通が変化し、地域ブランドを押し出した製品市場を通じた流通が隆盛となっていきます。

「私たちの製品は、昔から非常に厳格で品質が割合良く、値段は少々高いけど狂いが少なく歩留まりが良いことに定評があり、品質への評価をいただいていました。一方で当時の紀州材の良い木は尾鷲や吉野桜井へ送られ、尾鷲材や吉野材として売られており、紀州材としてのブランド力は弱かった。そこで昭和55年頃に製材工場などメーカー20数社が寄って紀州材展という市売りを開催し、多くの人に評価され高値で取り引きがされるようになりました」と榎本会長。紀州材という看板で市売りで高く売る商いが一つの経営モデルとして成功します。ところが、やがて国産材製品の流通も細くなってきて、市売りでも他の産地との値差がなくなってきます。「市売りに依存しても先は見えないと考えるようになりました」と榎本会長が言うように市場を介した経営モデルの将来が見えづらくなったのです。

「たまたま、私たちはプレカット材の販売も手掛けていたから、柱材・構造材の流通が、メーカー→プレカット工場→工務店と直接納材されることが主流となっていることを感じていた。また、従来の市場経由のルートには手加工にこだわる大工や工務店が主な客層となり、販路が狭まっていることもわかってきた。私はこれからはプレカット工場に進出しなければ先がないと考え、平成9年にプレカット工場の操業に至ったわけです」と榎本会長。

ちなみに山長商店では現在82名の職員が働きますが、その多くが製材工場とプレカット工場です。「プレカットに進出していなかったら今頃は製材も辞めざるを得なかった」と榎本会長は振り返ります。プレカット進出という決断がここでやっと実を結ぶのです。

これまでの山長の歴史を振り返ると、時代を読み新たな経営モデルを打ち出し、軌道に乗り始めると課題にぶつかり、その課題を解決し新たな経営モデルを打ち立てる。その繰り返しのなかで、常に時代の先を見て次の一手に挑戦する。代々のこうした歩みを通じて、山からエンドユーザーまでつながる一体型経営を勝ち取ってきたと言えます。こうして8代目の傳治が目指した林業家としての理想の経営形態を、長い時間軸で実現するに至ったと言えるでしょう。

川上から川下の一体型経営確立――「誠実なものづくり」の社風創造へ

独立採算から一体型経営へ

平成9年にプレカット事業進出を機に山長商店の社長を引き継いだ10代目の榎本長治さん(現会長)。榎本会長は社長就任と同時に、次のような経営理念を打ち出しています。

「山林の恵みを通して人々の幸せと豊かさの実現に寄与する」

これは早速以下のような取り組みに反映されます。山長商店は、山林部（素材生産）と内地材部（国産材製材工場）、そして新設のプレカット部（プレカット工場）の3部で構成されることになりました。それまで独立採算制を採っていましたが、社長就任時に各部門を独立採算制から一体型経営に切り替える英断をします。

「私が山長商店の社長になった際に、プレカット部ができたということで、山林部、内地材部といった各部門を一体型経営にしました。これまでの内地材部は関東の製品市場送りの杉桧柱角の量産工場でした。しかしプレカット部を持ち、直につなぐことにより、内地材部は一軒の家に必要な材料をプレカット部に供給する、言わば小売製材所へ転換することになりました。そしてこれは、製品市場や小売店が果たしていた調材機能を自社内で行うことを意味します。すなわち、量産のメリットを保持しながら、流通の短絡化を行ったことになります。さらに、構造材現しの木の家などを手掛けることで、良質な紀州材の役物を活かせるプレカット工場と成りました。その結果、山長商店に原木を出した方が高値がつくという状況にしていきました。高く原木を買える体制をつくることができれば、林業家により多くお金を還せる。それは自社のためであり、地域の林業家のためになる。そのことを意識してやってきました」と榎本会長は語ります。

一体型経営による社内の透明情報化で誠実なものづくりを

林業地の抱える問題を見ればわかりますが、川上と川下との関係がなく情報が分断され、一つの同じ意識が貫かれていなければ、個々で効率を上げても成果が期待できません。山長商店の一体型経営は、林業の構造的な問題を自社内で解決したモデルでもあります。

「ただ一体型経営を進めれば社内での効率が一気に上がるというものではありません。大事なのはそれぞれの部門で情報が分断されることなく、一つの同じ意識を貫きながら、いかに効率を上げていくかということをそれぞれの部門で追求していくことだ」と榎本会長は言います。

「各部門が分断されると、プレカットの立場で見ればとにかく安い材料を持ってこいということになって、品質という点が抜ける可能性が出てきます。製材部門でも同じです。昔ならば消費者や小売店に届いてから乾燥不足で曲がり材などの商品の欠点が出たりしました。

ところが一体型経営の成果として、自社内で各部門が一致団結して、欠点を全部出して各部門で撥ねるべきものは撥ね、良いものだけを市場に出すということができている。言い換えればこちらが提供した商品の品質については自社が責任を持たなければいけないという意識が貫かれている。それも結局は、お天道様に恥ずかしくない、誠実なものづくりなんでしょうね」

誠実なものづくりこそが山長のアイデンティティとしてこれからも引き継がれていくものなのでしょう。

高品質・誠実なものづくりでエンドユーザーの心をつかむ

「一方、関東での販売会社モックの当時社長の芝守男氏も頑張りました。和歌山で生産された紀州材のプレカットを拡販する役目を負わされたからです。遠方から運ばれて、外材より値が高い紀州材のプレカットを買ってもらわなければならない。彼は紀州材四寸角の柱の目の込んだ切れ端と他産地の大変目荒な柱の切れ端を見せ、どちらが強いと思いますか？　どちらを使いますか？と工務店に問いかけました。

さらに、紀州の山まで足を運び、育林の担当者から良い木を育てる要諦を聞き、また、伐採現場では、造材作業で容赦なく曲がり部分を除去していること、プレカットの生産の過程で何度となく選別を繰り返し、信頼できる製品づくりを行っていること。家電製品はいつでも取り換えられるけれど、家の構造材は家づくりの根本だから、ここにお金をかけないとダメだと説得しました。そして、日本一の構造材だと工務店やお施主様に話したのです。

このように第三者の目で私たちのものづくりを見て、優れている点を挙げ、商品の差別化路線を引いたのです。このようにプレカットを通じて、生産側は工務店やお施主様のニーズを把握し、モックと自社の営業を通じて、山側の知られていない努力や商品の優れている点を工務店やエンドユーザーに知っていただくことにより、商品を理解していただいて使っていただくことに努力を注ぎました」と榎本会長は振り返ります。

山長の誠実なものづくりに惚れて取り引きが始まったというこんなエピソードがあります。相手は東京にある「匠の会」という木材にこだわりを持った工務店グループです。

「匠の会の理事長の尾身さんと副理事長の千葉さんが私たちの工場を訪れ、私たちが50年生前後の若木の目荒な材と、60年生以上や80年生の非常に目の込んだ原木から採った柱材を仕分けているのを見て、ここまで品質にこだわっているのかと感心してくれました。そして、匠の腕を持ったプレカット工場になってほしいと言われました。それ以降、匠の会では60年生以上の

「プレカットの基本は手加工にあり」の信念に基づき、最新鋭機械と共にプレカット工場に熟練の大工職人を配置し誠実なものづくりを徹底　写真提供：（株）山長商店

木を柱に使うことにして、〝60年生紀州産〟という看板を掲げこれまでやってきました。私たちは今も〝匠の腕を持ったプレカット工場になる〟という言葉を大事にしています」と榎本会長は語ります。

品確法対策をきっかけにＪＡＳを取得。信頼のものづくりに活かす

一方で、平成12年の住宅の品質確保促進法（品確法）は山長にとっても一つの試練となりました。取引先である工務店が10年間瑕疵保証を強いられるため、当時はスギのグリーン材が主流であったことから、大手のパワー

ビルダーや工務店は一気に集成材に切り替えるようになりました。スギ・ヒノキの無垢材で勝負してきた山長としては、これに早急に手を打たなければ、経営の存続が危ぶまれる状況になりました。

「スギは従来の中温乾燥でやっても心材の含水率は全然下がらない。お手上げだなと思いました。幸い、専務の鳥渕が技術屋でしたので、この難しい乾燥問題に取り組みました。品確法の実施を目前にして、専務は北海道のカラマツ用に開発された高温蒸気式の乾燥機を導入しました。その時、住友林業の筑波研究所で背割りなしで乾燥できる技術が開発されたというニュースが飛び込んできました。半信半疑で見せてもらうと、背割りなしで正角が乾燥できているではありませんか。導入していた乾燥機で見よう見まねでやってみると、ともかく背割りなしの柱角ができたのです。これで、集成材と同様に寸法安定性と20％以下の含水率を満たす製品ができる見通しが立ちました。その後、プログラムを調整して磨き上げ、一応満足のいくものができました」

ここで山長商店の凄いところは乾燥技術をクリアしたことに満足せず、山長商店が責任を持って提供できる商品であるか、強度（E値）や含水率（SD値）など性能面で納得のいく仕上がりになっているかに関心が及ぶところにあります。

製材ラインに組み込まれた動的ヤング計数測定器
写真提供：（株）山長商店

　そこで非破壊の試験機を製材ラインに組み込み、それを製材品に印字できる技術を導入しました。商品に責任を持つ誠実なものづくりの姿勢はこうしたところでも徹底されました。

　さらに同業の経営者から「そこまでやっているのであればＪＡＳを取得されたらどうか」とアドバイスを受け、すぐにＪＡＳを取得します。その取得理由を榎本会長はこう説明します。

「ＪＡＳを取得して市場に出しても買い手は何も価値を認めていないのですね。だから高く売れるわけではない。そのためＪＡＳをきちんとＰＲして、それを理解して買ってもらうために、自社のプレカットはオールＪＡＳ材として、市売りにはＪＡＳ材は売らないという形にしました」

　山長の品質に惚れ込んで信用して買ってくれる顧客に

対して、価格勝負ではなく誠実なものづくりの姿勢でＰＲする山長の経営姿勢がわかります。

榎本会長はこう続けます。

「当時は、情勢が半年ごとに変わっていって、それについて行けなかったら振り落とされる感じでした。だから変化にいかに適応していくかということに一生懸命でした。基本的に世の中に必要とされる企業でないと生き残れないと思っていますから、そのためにいろんな技術を取り入れ、生産体制を工夫し、とにかく信頼できるものをつくることに努力してきました」

〝世の中に必要とされる企業〟という判断基準を持ち続けることが、継続の秘訣なのかもしれません。

架線集材機開発を通じて現場のモチベーションを高める

一方で、榎本会長は、地域の林業技術向上にも関心を持っていました。そこで県内の有志と共に架線集材研究会を立ち上げ、自ら会長として、情熱を持って架線集材機の開発・普及への推進役を担っています。これは山長林業の社員や伐出班、関係素材生産業者も関わり、和歌山

架線集材現場で活躍中の油圧式集材機。架線集材機の開発・普及にも力を入れている　写真提供：山長林業（株）

県の林業に欠かせない架線集材の合理化の研究と開発を行い、その一つの成果として、油圧式集材機が開発されました。電子制御も可能となり、リモコン操作にも対応する、全国でも注目されている画期的な集材機です。

またこうした研究活動は、現場で働く技術者達のモチベーションにも影響するようです。その思いを榎本会長はこう説明します。

「これまで全国的には高密路網と車両系による出材機械の普及が進んでいきましたが、和歌山では地形的にも架線集材なしの林業は考えられません。この新集材機開発は出材コスト削減の中核を担うものだと思います。この度、和歌山県林業振興課と林業試験場の全面的な協力と、副会長の井硲君の活躍と㈱前田製作所の技術力で新機械を実現することができました。これには山長林業の現場関係者も参加し、彼らも大変やりがいを持って取り組んでくれました」

単に仕事の効率向上だけでなく、林業イノベーションに参画するというミッションを与えられることは、仕事へのさらなるモチベーションが湧くものです。こうした取り組みこそが人が育つ環境作りにもつながっているのかもしれません。

長寿企業の哲学に学ぶ――普遍的な教えとは

持続への教え――財産を過大視しない

地域にあって長寿企業であり、5000haの山林を所有する山長。企業持続の秘訣のようなものはあるのでしょうか。

「親父、祖父からよく、〝財産を過大視するな〟ということを言われました。実際、山の資産についても立木価格がかなり高い時代もありましたが、今はその価値が何分の一にも下がってしまっています。それから、あまり規模を追わない経営をここのところ心掛けてきたということはあります。でも、本当に親父や祖父のおかげで今我々は事業をやらせてもらっているんだなという気持ちがあります。現在、自分が今の立場でやるべきことを果たさなければいけないという覚悟はいつも持っています」と榎本会長は語ります。

先人の言葉を大切にしつつ、今の自分の立場でやるべき使命に責任を持ち次代につなげる、持続の方程式がこの言葉から読み取れます。

持続への教え―リストラせず職員を大事にする経営を

山長が地域の長寿企業として継続できたのは、地域の雇用を創出しつつ、いったん雇用した人への対応を大切にしてきたことも見逃せません。つまりリストラを一切行わなかったのです。

例えば、プレカット工場の新設を検討した際に、東京の市場が近い千葉県で設立することも検討されました。ところが和歌山の社員を割いて千葉に派遣することは無理だという判断で取りやめています。さらに紀南砕石工業で砕石する山を閉山した際には、従業員を全員、山長商店と紀南砕石工業跡ノ浦事務所に振り分けて吸収しています。

「経営者の都合で従業員が辞めるのは私は良くないと思っています。また地域社会との関係でも同様だと考えています。地域社会からはいろんな寄付や役回りも回ってきます。でもやはり、地域ときちんと調和して、一緒に生きる姿勢でいくことが企業を守っていくことにつながっていくと思います。林業の期間は長いじゃないですか。その間にいろいろトラブルが生じることだってある。例えば、出材の際に土場を借りようと思っても、昔ひどい目に遭ったから絶対に貸さないということもあるわけです。一代超えてもです。山は動かないものだから、このような地域の人との関係は円滑なものにしておくに越したことはないのですね」と榎本会長は語ります。

目先の利益に執着せずに、商人感覚を持ちつつも林業家としての50年、100年先を見据えた長い時間軸で次の一手を見極め、誠実なものづくりを貫いてきた山長。そこには伝統に裏付けられた品位を感じる経営力が感じられます。

事例編２

「合理」を求めて智恵と才覚を引き出す―社員の成長を第一に

木村木材工業株式会社
代表取締役
木村　司さん（埼玉県）

付加価値の徹底した追究は、智恵と技術、そして担う人の品格をも上げてくれる。

会社は社員の成長の場とする人材育成哲学を実践する経営がここにあります。

●経営者インタビュー

「合理」を求めて智恵と才覚を引き出す
―社員の成長を第一に

木村木材工業株式会社　代表取締役　木村 司さん（埼玉県）

創業113年を迎える木村木材工業株式会社は、日本最大級の無垢造作材工場を持ち、さらにプレカット工場、山林伐採を行う山林部などを擁する埼玉県の会社です。

4代目である木村司氏が代表取締役となって14年目となり、先代からの教えを守りつつも、激変する木材需要に対応するための社内改革を推し進めています。木村司社長と、奥野宏幸山林部長に現在の取り組みについて伺いました。

少品種大量生産から、少量多品種生産への転換

日本一の無垢造作材工場への道のり

木村木材工業株式会社（以下、木村木材）は、明治期に初代の柳蔵氏が熊谷の大和屋で修業した後に店を持つことを許され、鴻巣市で創業したのが始まりです。戦前は横浜で外材輸入も行っていた時代がありましたが、戦後はすべて撤収、以来、埼玉県を拠点として木材業・製材業を営んでいます。

現在事業本部がある北本市に工場を新設した昭和38年の頃から、公団の集合住宅向けの需要が急増し、木村木材は、関東一円のニュータウンへの造作材や下地材の納材を通じて、会社の規模を拡大させていきました。

昭和45年頃からは、スギに加えてツガも材料として認められたことを受けて、ツガの丸太やキャンツ（丸身有りの角材）を挽くようになりました。その後、昭和40～50年代には、原料を半製品のフリッチ（半製品の角材）に切り替え、これは現在でも続いています。

この間に工場設備も、拡大する需要や時代の要請を受けて変化してきました。当時の建築現場では木材の現場加工が一般的で、加工屋が現場へ機械を持ち込んで加工し、終わるたびに機

械を運び出すというやり方でした。効率化を模索していたある建設業者から加工場の提供を依頼されたことがきっかけで、社内外注（賃加工）という形で構内に加工場を持つこととなり、製材工場としての形ができあがりました。

その後、製品の曲がりに対するクレームを解消するため、昭和58年と61年に低温除湿型乾燥機を導入しました。これは現在主流の高温型ではなく、52℃前後で約２週間をかけてじっくりと乾燥させるもので、反りやねじれに敏感な造作材に適した型です。そのような設備投資を基盤として、首都圏を中心に造作材・下地材を納材していきました。

当時の逸話として、集合住宅で用いる窓枠材を納品した後、材木屋から「何だ、節だらけの材料は」というクレームがありました。そこで、表になる二面は無節です（節ありの部分は室内側ではない）と説明したところ、「（改めて確認したら）悔しいけど、全部使えるわ」と一件落着しました。徹底的な木材の有効活用は今でも木村木材のポリシーですが、これはそれをよく表現した話です。材料を吟味して、注文に即した木取りを決める切り屋という工程を置くことで、木材の歩留まりを高めるとともに、木材の価値を高めることを可能にしています。３代目の卓司社長は、よく「丸いものを四角くするだけでは儲からない。材を出世させるんだ」と社員を教育していたそうです。

卓司社長の目標の1つに、15億円の資本勘定積み上げがありました。これは、会社として私募債（資金調達を行うために発行する社債の一種で、主に金融機関が購入する債券）を発行するための当時の条件でした。「（経営者は）自分の金を欲しがろうとするな。会社が良くて社長が食えないわけがない」という、会社中心主義であった2代目の賢一社長からの言い伝えに従った結果でした。そのようにして、平成6年から3回に分けて、各1億円の私募債を発行しました。さらに、税務署から優良申告法人として8回表彰されるなど、外部からも誠実、堅実な経営が評価されてきました。

一方、秩父を拠点とする山林部は昭和42年に開設されました。当時から自社工場の原料調達という目的は少なく、近隣の製材工場への直送を主とする素材生産部門として機能してきました。市場出しが今以上に主流であった当時において直送は珍しいことで、ハーベスタとプロセッサを導入したのも平成6年と、先進的な取り組みとして振り返ることができます。

創業100年を超えて

木村司氏が社長に就任したのは、平成17年のことです。その頃にはすでに木目を印刷したシートラッピングが普及したことから集合住宅向けの注文が少なくなり、代わりに工務店からの

木村木材工業株式会社 概要

平成 29 年 4 月末時点

名称	木村木材工業株式会社
創業	明治 38 年（1905 年）
所在	埼玉県北本市
事務所	事業本部、埼北営業所、秩父営業所（山林部）
資本金	1,700 万円
売上高	約 90 千万円（平成 28 年度）
代表取締役	木村司（４代目） 埼玉県木材協会 監事 JBN（全国工務店協会）国産材委員長
職員	役員 4 名、正職員 53 名（内事務員 10 名） 正職員の平均年齢 41 歳
主な事業内容	木材加工（造作材・下地材）、プレカット加工（構造材、羽柄材、合板） JAS 認定工場、合法木材供給事業者、さいたま県産木材認証事業体、FSC/SGEC_CoC 認証取得 素材生産（山林部） 木材流通 不動産賃貸

沿革	明治 38 年（1905 年）	創業者木村柳蔵が現本社所在地（埼玉県鴻巣市）にて木材業を開業
	大正 7 年	製材工場を開設
	昭和 30 年	住宅公団アパート造作材を初めて手掛ける
	昭和 38 年	北本工場を新設、旧工場移転
	昭和 42 年	山林部、秩父営業所開設
	昭和 44 年	JAS 認定工場となる
	昭和 46 年	二代社長に木村賢一就任
	昭和 50 年	三代社長に木村卓司就任
	昭和 52 年	埼北営業所開設
	昭和 58 年	低温除湿型乾燥機 2 基を設置（昭和 61 年にもう 1 基増設）
	平成 2 年	オートプレカット部門開設、１号機を設置
	平成 6 年	山林部にてプロセッサ、ハーベスタ導入
	平成 17 年	四代社長に木村司就任
	平成 19 年	ウェブサイト　造作材 .com　開設
	平成 28 年	合板プレカット加工機設置 FSC/SGEC_CoC 認証取得

山林部の事業実績

素材生産量	27,000 ㎥（全て皆伐、直販）
伐採面積	80ha

木村司社長（左）と奥野宏幸山林部長

戸建住宅向けの注文を伸ばしていきました。それに伴い、少品種大量生産から少量多品種生産への転換が起こりました。「集合住宅であればモルダーに刃を1回セットすれば何本でも材料を流せるが、戸建向けだと幅も形状もさまざまなので、セットのやり直しが発生する」というように、きめ細かい作業が必要になるとともに、材料の吟味に対する要求もより細かくなりました。

納品する製品の変化度合いが高まるにつれ、材料品質の重要性が増すことから、当時の司社長はカナダのバンクーバー島へ足を運び、多くの工場を回って材料を検分したそうです。

「ベイツガは通常12ｍで現地の工場に入ってくるのですが、それをアメリカ市場へは６ｍ＋６ｍに切って製材します。一方、日本向けは主に４ｍを３丁取ってからフリッチに挽いていきます。売り先に加えて工場の癖というのがあって、生産設備やスペースの余裕などでフリッチの質も変わってきます。現地の事情を知っておくことで、こちらの工場に届いたフリッチを見ればどこの工場から来たものなのかがほぼわかります」と司社長は当時を振り返ります。日々の暮らしの中で施主さんの目に止まり、体に触れることもある造作材に対する、木村木材の真摯な姿勢が感じられます。

また、生産後の検品が部分的であったのを全品チェックに切り替え、お客様へのサービス不足対策を始めたのもこの頃からで、こうした小さな改革の積み上げは、以前の取引先から「戦前と戦後（くらい変わった）」と言われるほどでした。

造作材の国産材利用への取り組み

木村木材では近年、山林部にとってのお客様である製材工場から原板を購入して、スギ・ヒノキの造作材生産も手掛けています。原木ではなく原板を購入するのは、木村木材にバーカーなどの丸太製材用の機械がないためでもありますが、山林部とそのお客様の関係を第一に考えてのことです。

国産材利用の目的は、資源が豊富な中目材の利用拡大です。そして、中目材から採れる寸法

造作材の材料となるフリッチは、主にカナダ産ベイツガを長年使用している

を使用することが、単価や納期の面でお客様にとって利点になることです。こうした取り組みを通じて、「お客様にも、当社にも、そして森林にも三方良しとなるベストな木取り」を実現し、標準納期を日本で一番短くできる会社となることを目標としています。

「後工程はお客様」 ―製品の品質や価格、付加価値としてのサービス

建築現場に出入りすることで見えたお客様の課題

「最近はお客様である大工さんや木工屋さんの時間的、金銭的な余裕がなくなっているのを感じま

す」と言うように、司社長は世の中の変化を感じとっています。

木村木材には「後に余裕がある」ような仕事を心掛けるという考えがあり、これは製材→乾燥→加工→仕上げという自社の製造工程だけではなく、納材するお客様の都合にも配慮することも含んでいます。

この考えを表す取り組みとして、営業担当者が建築現場で働く職長と納入内訳を決める打合せの代行を行っています。現在の集合住宅は各戸の間取りが均一ではなくタイプが複数あることが多く、結果、納める本数も戸ごとに異なってきます。加えて、注文を受けた明細と、現場で木拾いした結果が一致しないリスクを考慮して、お客様である職長へ木拾いの一覧表を事前に提出して数量調整の指示を受けて注文を確定させています。大きな建築現場になると、材料を各室に運ぶのは荷上げ屋の仕事であり、一覧表があることで荷上げ屋も大工もそれぞれの仕事に集中できるようになるため、一覧表には現場がうまく回る効果もあります。

一覧表の作成は10年以上前から取り組んでいますが、きっかけは事故だったそうです。製品を配送した運転手が、トラックのアウトリガーの下に鉄板を敷かずに材料を降ろした際に作業員がケガをするという事故が起こりました。その後、荷上げ屋へ謝罪に伺った際に、なにかできることはないか相談したことで、一覧表の発想が生まれました。できた当時、職長からもとても喜ばれたそうです。

木村木材が考える後工程とは、自社が担う納品まででではなく、お客様の仕事までをも含めていることがよく伝わってきます。さらに、たとえお客様のミスであっても、寸足らずや必要数量以上の製品をつくってしまうことは、森林資源の無駄遣いという点からもなくさなければならないというポリシーがあります。

プラスアルファのサービス

木村木材では、建築現場の作業の進捗を見ながら、納材のタイミングを計っています。現場に届く資材は実にさまざまであるため、建材や石膏ボードなどの順番までをコントロールして、職長の負担を減らせるよう工夫しています。

奥野宏幸山林部長によれば、「工務店さんからの注文が増えた頃から、製造業にサービス業的要素も加わりました。材料や加工精度プラスアルファのサービスにお客様は喜んでくださいます」ということで、まさに「後工程はお客様」という考えが実践されています。

一見すると、こうしたサービスはお客様からの不合理な要望への対応とも取れます。司社長にこの点を伺うと、「不合理なことをなんとかして合理的に変えようとするなかで、ほんとう

戸建住宅へ納品する造作材。少量多品種生産であることがよくわかる

の知恵と才覚が育まれる」という鍵山秀三郎氏（イエローハット創業者）の言葉を引用されました。人工乾燥機、プレカット機、高性能林業機械の導入はすべて木村木材の合理化の歴史であり、会社の将来を明るくすることととらえています。

「成長が感じられる会社の将来は明るくなり、会社の将来に明るさを感じられると、会社の雰囲気は自然と明るくなります」と司社長は言います。

北本工場の様子。社内は清掃が行き届いている

社員への期待―会社は社員が成長する舞台

付加価値の追求はその人の品格を上げる

木材という自然物を扱う仕事だからこそ、思い通りにならないことが多く、そのような状況で創意工夫をはたらかせることで社員は成長し、ひいては社員の人生を良くすることにつながると、司社長は考えています。

「会社をやっている喜びというのは、社員の人生が良くなることと、お客様の役に立つことに尽きます。社員の人生に関して言えば、会社は社員が成長するための舞台です」と司社長は断言します。

そのために、材料を徹底的に使い切ることを重視しています。「付加価値を追求していくことは、その人の品格を上げます」。

こうした司社長のさまざまな思いは、毎月末に給料袋の中にメッセージとして同封されるほか、毎週の朝礼でも伝えられています。「以前は営業所単位で独立採算のような雰囲気もありました。これを、司社長の全社一丸にするという考えでまとめていっています。今度の新年会では、営業や製造、小売りという部門の枠を外してグループディスカッションをやります。弊社には、離職してしばらくしてから戻ってくる者もいます。会社って給料だけではないんだと出てから気付くということですね。本当は在職中に気付いてもらうのが一番なので、それが今のテーマでもあります」と、奥野山林部長は言います。

経営感覚を持って現場を担う―山林部の素材生産事業

仕事に対する姿勢について、山林部の状況を奥野部長に伺いました。山林部は工場から離れた秩父エリアを拠点としており、以前はここでもやはり製造部門とは違う会社という雰囲気が漂っていたそうです。

「どんな会社でも、社長の考え方で大きく変わります。仕事の中で重視するポイントは加工と山仕事では変わりますが、本質は同じだと考えています。山林部は平均年齢20代の班もあるくらい若者が多いのですが、自分で考えて仕事ができるように育てていくことを目標としていま

山林部集合写真

す。例えば造材にしても、３ｍに玉切ってとか細かい指示を出すのではなく、立木の時点でどう伐倒してどう造材するかまでを、自分で考えられるようになること。そのためには、３年間で一通りの作業ができるようになることです。弊社では集材機での集材作業が多いので、架線張りまで含めて3年というと難しいかもしれませんが」

山林部は、皆伐事業を中心とする素材生産を行っています。立木を購入し、路網開設と架線を併用して集材する現場が主です。奥野部長によれば、現場で重視することは「利益を乗せるために後工程を知ること」です。山林部の職員は、建築現場や工場を下見して、原木がどのように製品になり、それがどのように使われるかまでを観察しています。伐倒した木をプロセッサで造材する瞬間に、製材工場（直送先）や住宅のイメージを持って採材できるようになることが、木村木材の考える「自分で考えて仕事ができる」状態です。曲がりや径級など、1本1本の条件が異なるため容易ではありませんが、部材や取引先の情報を蓄積することが経験として活かされます。

一方、山林部には立木購入の営業担当者がいますが、伐採班の班長も購入予定の山林の下見や入札の場に立ち会うこととしています。「山仕事だけだと、いわゆる出しのコストしか体感できません。山林部の社員には、仕入れも含めた全体の金銭感覚を身に着けてほしい。自営で林業をやるような感覚、自分が社長になった感覚とでもいうのでしょうか。全体が見えることで、司社長が言う品格であるとか、仕事が楽しいという気持ちが芽生えれば、会社ももっと良くなると考えています」。

業績の見える化

住宅着工数が伸び悩み、木材の利用率も低下する状況で、現在の木村木材の課題は利益率の向上です。昨年の5月から、部門ごとの月次管理による業績の見える化が導入されました。具体的には、3つの営業部が自社の2工場（造作材・プレカット）の稼働にどれだけ貢献したかを売上げベースで表します。当然ながら、他社へ外注した特殊な加工品はこれには含まれません。外注と比べて自社加工は利益率が高く、工場の稼働率が高まることによる歩留まり向上も期待してのことです。

これによって、各営業所の成績が月次で出てくることとなります。見える化の数字は、本部で一括作成するのではなく、各部門が各自で作成する決まりとなっています。自分たちで自分たちの情報をつくる意味として、「人は見えないものには気持ち・関心が向かない」からだそうです。情報過多の時代において周囲の情報に流されないためにも、自分の仕事に関心を持ち続けるために情報を見える化するのが、この取り組みを始めた司社長の意図です。

「企業が永続的に継続するためにはイノベーションが必要。自分は次の世代につなぐリレーランナー」とは先代卓司社長の言葉ですが、まったく同意見の司社長も、木材の最大経済活用と社員のより良い人生のために日々改革を進めています。

事例編３

「人ありき」が持続経営を実現
雪国で通年雇用を創出・維持した
人材力経営とは

中越よつば森林組合
代表理事組合長
小熊順一さん（新潟県）

●経営者インタビュー

「人ありき」が持続経営を実現
雪国で通年雇用を創出・維持した人材力経営とは

中越よつば森林組合　代表理事組合長　小熊順一さん（新潟県）

いい経営とは、持続すること。「従業員を大切にする」「絶え間ない改革、進化」という持続の法則を雪国の森林組合経営にみることができます。ここでは、中越よつば森林組合（小熊順一組合長）の取り組みを紹介します。

「人ありき」の経営として、月給制、通年雇用、社内教育、公正な処遇など「従業員を大切にする」マネジメントで培った技術力集団だからこそ、さまざまな仕事（森林管理、製材、加工等）を創出し、維持を可能にしました。そんな持続経営の源泉を、小熊組合長に語っていただきました。

小熊流「従業員を大切にする」の意味とは

編集部：平成11年に旧長岡地域森林組合の代表理事組合長に就任、中越よつば森林組合の広域合併にも尽力されました。組合長のお立場で長年森林組合の経営を牽引してきた中で、人材確保・雇用創出のカギとして、月給制の導入にも取り組んできました。その理由について教えていただけますか。

中越よつば森林組合代表理事組合長の小熊順一さん

小熊：地域林業の活性化の基本は人材育成です。昔から言われていますが、人が育たないと企業の収益は上がらない。そのために優秀な人材を確保したいわけです。しかし、従来の森林組合の作業班の多くは日給月給制です。しかも新潟県の山間部は豪雪地帯が多いので、雪のある12月から3月末までは仕事を休ませるという条件では、能力のある若者は来てもらえません。

それを解決するには、私は通年雇用を前提とした「月給制」の導入と、そのための「広域合併」による経営の基盤整備が必要だと考えました。

まず、月給制については、私が長岡地域森林組合時代から導入してきました。総合職員も現場の技術職員も月給制です。ちなみに作業班員は技術職員と呼んでいます。全員が職員です。また査定については、総合職・技術職、性別、学歴は関係なく、評価基準を定めています。能力評価を実施することで職員のやる気も生まれます。その代わり、辞令一つで現場から内勤になったり、その逆もある。優秀な人は技術があればどちらも就いてもらえるシステムです。

広域合併の際には、他の三つの組合の作業班が技術職員として月給制になり、大変喜んでくれました。職員としての自負を持って仕事に携わってくれている。月給制の効果が出たなと感じています。ですから定年以外で辞める人はほとんどいないです。

もちろん月給制のデメリットもあります。例えば退職金など福利厚生費等の様々な経費が経営負担にはなります。特に、当組合では広域合併を機に、退職金の積み立てを満期に積んでいます。

だからこそ、組合経営をより良くするにはどうしたらいいか、職員1人1人が自分の持ち場でどうしたら一番良い結果が出るか、日々仕事に全力で取り組んでもらう。頑張って成績が上がった分は給料を上げるしボーナスも出す。

職員の待遇を良くするかわりに、人に負けないように仕事を頑張って、もっと人に喜ばれる仕事をしてくれと牽引していくのが私の使命です。

逆に、やる気のない者がただ従事するようなら、お金になるような月給制はやらない方がいいです。そんな生半可な根性では森林組合の経営は救われないのです。ですから、月給制は良いところを伸ばせば必ず経営にプラスになってくると実感しています。

編集部：広域合併についてはいかがですか。

小熊：豪雪地帯の冬はほとんど山仕事はできません。そういう地域の森林組合では、冬場は屋根の雪下ろしやスキー場などの仕事をしていました。近年はスキー場も減ってきて、冬場の安定した仕事が少なくなってきている。

これを改善するには広域合併しかないと私は考えています。当組合では、広域合併で管内の森林は５万haになりました。山間部の豪雪地帯から雪の少ない海岸部まで、様々な森林が対象となったので、これを資源として事業を上手に回していく。つまり、夏場は奥山の森林を対象に事業を集中的にやって、冬場は海岸部や雪の少ない地域を仕事場とする。１年を通じて安定した仕事を確保して通年雇用に結びつけています。

中越よつば森林組合

●設立／2009年4月に長岡地域森林組合、小国町森林組合、刈谷田森林組合、三島郡森林組合が合併して誕生
●所管区域／5市1町1村（長岡市、見附市、三条市栄地区、燕市、新潟市西蒲区、出雲崎町、弥彦村）
●管内民有林面積／5万245ha
●組合員総数／7265人（県内最大規模の組合員数）
●職員数／44名（参事1名、総合職員15名、技術職員25名、嘱託3名）
●事務所／本所、小国事業所、刈谷田事業所、三島事業所
●木材加工施設（本所）／台車式帯鋸機、円柱加工機、防腐防蟻処理機、木材乾燥機

それを可能にするためにも広域合併で規模を大きくして経営基盤をつくらなければならない。

さらに対象となるエリアが広がれば、対象となる市町村も増える。そうなると各市町村の学校関係や緑化施設、公園等々、樹木に関する造園業的な公共事業も受注できる可能性がある。

特に近年は、地域内で大径木などの伐採を行える技術者が高齢化等により減少し、森林組合への業務依頼が集中してきている傾向があります。こうした技術者集団を抱えているという強みを生かした事業開拓も見えてくる。

広域合併を通じて経営基盤の強化が図られ、安定した仕事の確保ができることを経験を通じて実感しているところです。

人が育ち、技術を高めれば、仕事は生まれる

小熊：広域合併の良さについては職場内に良い意味で緊張感が生まれるということがあります。例えば現場の技術職員では、初めは４つの森林組合がそれぞれのやり方を踏襲して、バラバラのやり方を行っていました。各々の森林組合で行っていた手法や技術が１つの森林組合として集合するわけです。今まで我流でやってきた技術者も他のやり方・技術を見て良い部分は真似をする。より効率良く作業するにはどうしたら良いかと皆で研究して、良いやり方・技術に導かれて、切磋琢磨して、全体的に技術レベルが向上してきました。

内勤の総合職員も同様です。他の森林組合と一緒になり、人数が増えたことで専従職員の配置が可能になり、業務効率の改善に繋がっています。

例えば、私の手元に、毎月10日までに前の月の精算表を提出させています。以前の森林組合ではまちまちでしたが、今は毎月私の手元にきっちり届く。これで月々の経営をチェックできるわけです。これを踏み台に、成績が落ちてきたところを指摘して、その要因を報告させます。

月１回の管理者会議の際、私から問題の原因とその対応策について質問します。責任者は自分が持たされた部門の成績を上げるための対応策を検討し、行動する。他の担当部課の担当者

中越よつば森林組合本所の皆さん

もその経緯を知ることになります。各担当者は緊張感を持って業務に当たります。組織として機能する仕組みになってきたと思います。

これが以前の小さい組織であれば、どうしても馴れ合いになってしまいがちで、緊張感を欠いてしまい、組織としての機能が発揮しにくいことがありました。ところが広域合併で中規模の森林組合になって、職員も大勢で分野に分かれて事業が組織的にこなせることで、命令系統もしっかり機能し、広域合併から8年が経ちますが、この緊張感は維持されています。

現在、提案型集約化事業の推進に力を入れており、認定プランナーも3名配置して、機能的に事業をこなせるようになりました。

編集部：雇用拡大で他にどのような取り組みをされ

ていますか。

小熊：当組合では平成12年に小径木加工施設を導入しました。ＡＡＣ防腐処理加工もできる当時最新の加工施設でした。通年雇用の業務拡大を目的に設置し、主に公共事業向けの土木製品を生産しています。こうした工場は県内に２箇所ですので、ニッチの需要を手堅く確保していくように努めています。

また、最近、バイオマス発電所需要に対する木材生産が大きな話題になっています。

私は欧州視察の際にドイツで一般材を運搬するのは半径30㎞が限度だと教えられました。その範囲内でのバイオマス材の供給であれば、資源はありますので、後はコスト減に努めて主伐とその後の再造林を前提に取り組んでいきたいと考えているところです。

編集部：そうすると技術職員の拡充と教育が必要ですね。

小熊：森林組合の技術職員は、昔のように人力で伐って出す時代ではない。刈払機やチェーンソーから重機まで扱える技能が必要。技術職員がいないと現場が回らない。緑の雇用担い手研修等で資格を取得させて、同時に現場で経験を積んでもらう。それでやっと一人前の技術職員になるわけです。

林業は、常に危険と背中合わせの職種です。毎日朝礼で注意しても、ふとした気の緩みで怪

小径木加工施設で働く従業員たち

我をさせたら大変です。技術者の安全教育も併せてやらないと、経営に響く事故が起きては元も子もない。

私が思うに、林業大学校等で専門教育を受けて専門資格を取らせてから社会に送り出してもらう、就業前研修システムが充実すれば林業の雇用は飛躍的に拡大するものと思います。

小熊流経営者のあり方
―「人を見極め、全ての責任を取ること」

編集部：広域合併による人事で工夫をしたことはありますか。

小熊：広域合併当初は課長が12人いました。しばらく様子を見て各自の得手不得手を見極め、私の裁量で2年目に総務部と業務部の２部制にしました。課長も４名にしました。参事は当時37歳の県下で一番若い者を抜擢しました。理事会からは年功序列という意見もありましたが、それでも経営者の私が責任を取るということで納めました。

参事には自分の思う通りにしなさいと言いました。年齢に関係なく発言したことは自分に責任があるわけですが、結果、この人事は当たりました。

人それぞれの長所があり、この人はこの分野が強みだと見つけたら、それに適した配置をする。「組織は人なり」です。能力を無視した年功序列では経営は難しいものです。

私が参事に指示をすれば全て機能する組織になっています。だから私が直に担当者を叱ることはしません。褒めることはあってもそこは我慢する。もちろん、事故など大変な事態が起きれば私が矢面に立ちます。

それから職員を子ども扱いしないことにしています。一度言ったことは二度は言わない。

例えば広域合併時の最初の挨拶で、職員にはお客さんが来られたら手を止めてでも挨拶しなさいと言いました。今でも全国からお客さんが来られたとき挨拶が良い、雰囲気が良いと言われます。

酒樽をデザインしたプランター。皇后陛下からもお褒めの言葉をいただいた

ある方に「雰囲気の良い森林組合は必ず経営が良い」と言われました。経営が悪ければ職員も萎縮してダメだということです。経営が悪ければ雰囲気作りなんて無理な話です。まずは経営を良くすることです。

それから職員を褒めることが大事だと思います。平成26年に全国植樹祭が長岡市で開催されましたが、その際、長岡駅に酒樽をデザインした花のプランターを当組合の工場で製作しました。それが皇后陛下の目にとまり、私が直接お褒めの言葉をいただきました。それを朝礼で、皆の前で褒め称えました。私も職員も皆喜びました。良いものを作れば、儲け仕事ではなくても必ず評価してくれる。それを褒めることで組織も一体になって盛り上がるわけです。

編集部：最後に経営力のあるリーダーが重要だと思いますが、その心掛けとは？

小熊：やはり林業が好きでないと山の経営はダメです。自分で林業をしてみた上で、良い・悪いが判断できる。山が好きで、山がどういうものかを認識していなければなりません。これまで私の培った経験と、多くの人から学んだ知識を職員に伝えてゆきたいと思います。

（月刊「現代林業」２０１7年3月号　まとめ／編集部）

事例編４

定年以降まで働き、ワークライフバランスも実現

有限会社　平子商店
代表取締役
平子作麿さん（福島県）

働きやすい現場、働きやすい職場環境。好きな仕事だから長く続けたい。

そんな従業員の願いを実現する経営がここにあります。

●経営者インタビュー

定年以降まで働き、ワークライフバランスも実現

有限会社　平子《ひらこ》商店　代表取締役　平子作麿《たいらこさくまろ》さん（福島県）

炭焼きや炭鉱用の坑木、製紙用チップ生産のため広葉樹林の立木購入・素材販売を行っていた祖父、父より事業を継承した有限会社平子商店（以下、平子商店）の3代目、平子作麿代表取締役。地域の素材生産協同組合の役員や安全指導の講師も担いながら、「定年まで働ける居心地のよい会社」づくりに取り組んでいます。

平子社長に、その思いや実践について詳しく伺いました。

地域林業と社歴

いわき市の林業

福島県いわき市の総面積は12万３１３４ha、森林面積は８万８９４４ha（総面積の72％）。うち民有林５万８３４１ha（人工林率57％）、国有林３万６０３ha（人工林率63％）となっています。

林業関係の事業体の数は、森林組合が１、素材生産業が46、生産森林組合が６となっています。

平成21年の、いわき市の素材生産量は21・２万㎥で、同年の県生産量55・３万㎥の４割弱を占める、県内有数の林業地帯です。

（参考：いわき市森林整備計画〈平成25年〉、平成21年木材需給報告書）

90年の歴史―素材生産・販売を軸に

平子商店の前身となる平子材木店は大正15年（１９２６年）の創業、現在の平子作麿社長が３代目です。農家の次男だった祖父は、本社の所在するいわき市遠野町の入遠野地区で立木を

有限会社平子商店 概要

名称	有限会社平子商店
創業	昭和 63 年（1988 年） 前身の平子材木店は大正 15 年（1926 年）
所在	福島県いわき市遠野町
資本金	500 万円
売上高	約 17 千万円（平成 27 年度）
代表取締役	平子作麿（３代目） 　磐城林業協同組合　理事長 　日本林業技士会福島県支部　支部長 　林業・木材産業労働災害防止協会福島県支部　支部長 　ふくしま・グリーンフォレスターの会　会長
職員	役員２名、正職員 16 名、事務員１名 　正職員の平均年齢 37 歳
主な事業内容	国有林整備事業 　国有林の立木の伐出、造林保育 森林整備事業 　造林・素材生産、県森林環境基金関連事業、松くい虫防除 人材育成事業 　林業従事者の育成、安全管理講習 　社会貢献事業－森林ボランティア団体支援、いわき林業女子会支援

沿革	大正時代	主に木炭の生産・販売。平子材木店を創業
	昭和前～中期	木炭の需要低下とともに常磐炭鉱への坑木の供給 酒類・雑貨を扱う小売業を始める（現在は自販機のみ）
	昭和後期	炭鉱の閉鎖（昭和 51 年）と前後して三菱製紙へチップ原木を納める スギ小径木による垂木生産の加工事業を行うも、２年ほどで廃工する 拡大造林の全盛期には、広葉樹の伐採を中心に行う 後に国有林を中心としたスギ間伐による素材生産へシフト
	昭和 63 年	有限会社平子商店を設立 素材生産協同組合勿来支部に加入
	平成 10 年	磐城林業協同組合へ加入 国有林の伐出・造林事業のほか、市・県・民間の素材生産・森林整備を行う
	平成 24 年	SGEC『緑の循環』認証会議の CoC 管理事業体の認定取得

事業実績（平成 28 年度 H28.4 ～ H29.3）

素材生産量	8,090 ㎥（全て間伐）
造林	172ha 　植付け　9ha 　下刈り　46ha 　つる切り　30ha 　除伐　39ha 　保育間伐　39ha 　地拵え　9ha

お話を伺った平子商店代表取締役の平子作麿さん

購入して伐採・素材販売を行う仕事を始めました。当時はこの地域で林業を行っているのは平子家だけだったそうです。昭和に入ってからは、木材の販売に加えて、酒類・雑貨を扱う小売業も開業しました。

現・平子社長の幼少期である昭和30年代までは木炭需要が続いたものの、40年代以降は急激に減少したことから、当時盛んだった常磐炭鉱へ坑木の販売を始めました。「常磐ハワイアンズができたのが自分が中学3年生の頃で、その頃までは炭鉱との取り引きがあった」とのことですが、炭鉱閉鎖（昭和51年）と前後して三菱製紙への広葉樹チップの納材を始めます。広葉樹材は、国有林の皆伐によるものが大部分で、折しも拡大造林全盛期、国有林が地元に払い下げた山の伐採を父が請け負う形で事業を営んでいたそうです。坑木や製紙チップのほか、さまざ

平子商店の社屋

まな素材販売ルートを持っていた平子家には、地元から伐採の依頼が多く来たとのことです。「後々になって、親父の付けていた帳面を見ても、当時の経営はよかった」そうです。

一方、当時の平子社長には山仕事を継ぐ気持ちはなく、都心の大学を卒業後も税理士を目指して専門学校に通っていました。しかしそんなときに、父が原木搬出中にトラック事故に遭い、平子家は一家の大黒柱を一時的に失うこととなりました。そして、男兄弟3人の長男として現・平子社長が帰郷し、思いがけず林業に就業することになりました。

「集落の若者は背広を着て町へ出勤するのに、大学を出た自分は山の方へ仕事に出かける。そのギャップには寂しい気持ちを感じることもあった。だけど、自分が山仕事を始めた昭和54年頃は材価がものすごいよかったから、二十歳過ぎの若者にとって日当は悪くなかった」と当時を振り返ります。最初の４～５年は集材機の運転や伐倒手のてこ（補助員）として日々が過ぎていき、３人ほどいた先輩職員から山仕事のいろはを教わりました。平子社長が父から直接指導を受けたのは、現場作業ではトラックの運転くらいでしたが、むしろその頃に手ほどきを受けた山の見方・買い方の知識が後の事業地確保に活かされることになります。

その後、昭和の終わりに近づくにつれ、徐々に広葉樹伐採からスギの間伐へと事業内容が変化してきました。その間は、材価の下落や現場が途切れる不安定感を穴埋めするため、製材工場の操業や土木工事へ参入するなど試行錯誤の時代でもありました。

そうした時代の流れの中で、かつては地域にたくさんいた山の職人たちも高齢化や転職等で少なくなり、そのぶん平子商店への仕事の依頼が増えてきました。

大きな転機は、先代から現社長への代替わり間近の昭和63年、有限会社平子商店の創業と、素材生産協同組合勿来《なこそ》支部への加入でした。素生協への加入により事業地の確保が安定し、「初年度は１９４㎥、翌年度は４５００㎥。それまでは３人ほど雇っていたのを、４～６人に増やしました」。

その後、地域の林業事業体などを構成員とする磐城林業協同組合（以下、磐林協）が平成10

年に設立され、さらに平成20年に平子社長が磐林協の理事長に就任、現在に至ります。この間、平成23年には東日本大震災により1カ月間の休業やベテラン社員の離職を経ながらも、継続的に事業を展開しています。

素材生産と造林・育林事業

役職員の構成

平子商店の役職員の構成は、役員2名、正社員16名、事務員1名で、震災以降は造林班1、伐採班2の3班体制が定着しています。外注する作業は重機の回送やトラックでの原木運搬が中心で、現場作業のほとんどを自社で行います。

震災前は、正社員23名と一人親方6名の大所帯でしたが、高齢の一人親方たちの引退と原発事故を契機とした正社員の退職が重なりました。震災後は、林業以外にさまざまな復興関連事業があることもあり、林業で働きたいという応募は以前より少なくなっています。

一方、震災前に林業を志して入社した新人たちが今では現場を任せられるまでに育っていま

国有林の立木伐倒および搬出等の現場作業を行う

す。

「以前も積極的に人材募集はしていなかったけど、ホームページなんかを見て自ら応募するような、そういう動機のある社員は続いている。一番若かったころの平均年齢は26歳。それがそのままスライドして今は37歳くらい」とのことで、今でも林業界で見れば若者中心の職場と言えます。

主な事業内容

同社が行う主な事業は、大きく国有林整備事業、森林整備事業、人材育成事業に区分され、森林所有区分別では国有林のほか、県のふくしま森林再生事業（復興関連）や私有林があります。

下刈りや地拵えなど、一時的にたくさんの人手が必要な作業の人員確保に難儀していましたが、「最近は国有林でも下刈り期間が延長されるなど、仕事の調整がきいて助かっている。自分がやっているボランティア的な仕事を除けば、社員全員がしっかり利益を出してくれている」とのことです。

待遇面での取り組み

給与形態

主に現場作業を担う正社員は日給制で、現場で使用するチェーンソーやヘルメットといった道具や装備品は原則会社支給です。「月給制のメリットについて他所から話を聞くこともあるけど、月給制は採用していない。労使合意の下、長年、日給制を継続している」そうです。出来高制も取り入れていませんが、会社の業績に応じて賞与が支給されます。

自分が買った道具でないと大切に扱わないのではと尋ねると、正社員の小松さんから「会社持ちだとしても、道具を壊してばかりの人には、周囲の目も厳しくなりがちです。道具をきちんと使って管理できるかどうかは、結局はプロ意識だと思います」と明快な回答がありました。

社会保険完備

正社員は、社会保険（健康保険・厚生年金・労災保険・雇用保険）、退職金制度完備です。定年は65歳ですが、本人の希望により70歳くらいまでは一人親方として就業可能です（ただし、社会保険等条件は変わる）。

このほか、主に県外出身者向けに社宅を提供しているほか、住宅手当もあります。「一部の社員に社宅があるなら、持ち家の者も平等にという専務の発案により、住宅手当も付けるようにしました」。

会社の恒例行事

同社の恒例行事は、ＢＢＱ会と、社員旅行です。

ＢＢＱ会は、下刈りのお疲れさん会など仕事の節目に年に数回行っており、十年以上続けられています。

社員旅行は、都合の付かない者を除いて原則全員参加で、自己負担となる一部の旅費は月々

社員旅行（グアム）

の給与から積み立てています。２０１７年はグアム旅行、その前の年は山形の有名温泉旅館と、旅行先は毎年異なります。今年のグアム旅行を計画中に、中国出身の社員へ米国ビザが発給されず、平子社長が大使館へ交渉しに行ったというエピソードもあり、職場の雰囲気が伝わってきました。

安全意識と教育

官の仕事を請ける責任

『危険０により、事故０』を10年ほど前からスローガンに、安全衛生教育を徹底しています。毎週月曜日の朝礼では、役員も参加しての安全会議を実施するほか、毎朝、各人が安全日報を作成し、班ごとにリスクアセスメントを行っています（現場が異なることもあるため）。

「うちで起こった事故はここ10年で２回。バックホーが横転したけど、これは幸いケガはなかった。あとはチェーンソーで足首を切った（休業４日以上）。20人程度の規模で官の仕事をいただいている会社では、１つの重大災害が会社経営の致命傷になる。ですから、作業者には安全を優先する意識をもたせ、かかり木処理などの作業を基本に忠実に行うようにしっかり指導し、育成していくことが大切」とのことです。

安全第一はまさに言うは易しですが、「（車の運転で）追い越し禁止エリアでは、たとえできても追い越ししないことを教習所で教えるように、作業中にやってもいい行動、してはいけない行動を最初に覚えさせている」という平子社長のお話から社員の安全を守る思いが伝わってきました。

安全講習の講師を通じて

自分が若い頃はヘルメットもかぶらないのが当たり前の時代だったという平子社長ですが、現在は各地で安全指導やパトロールを行う中で、近年の変化を感じています。

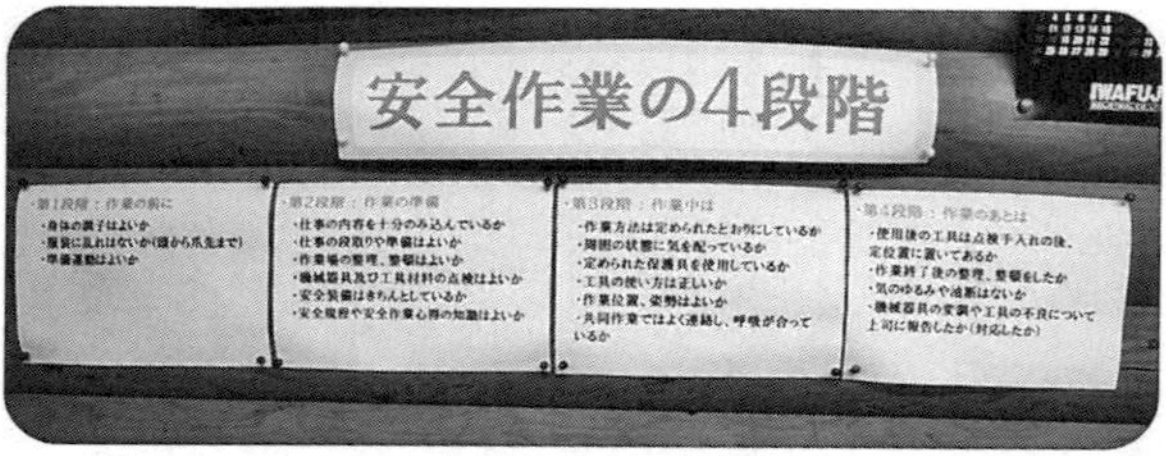

社内に掲示している「安全作業の４段階」。作業前、作業準備、作業中、作業後の段階ごとに安全確認項目を挙げている

「防護服、バイザー・イヤマフ付きのヘルメットの着用が現場で徹底されてきた。研修生だけでなく指導員もきちんとした装備をしているのは、『緑の雇用』の事業効果が大きいと思う。建設業等の他業界では現場監督が常駐する反面、必ずしも監督者が常駐するとは限らない林業現場だからこそ、作業員1人1人が注意しなければならない。そのために必要な安全装備を自己負担なく会社から支給して、安全管理を徹底させることの重要性を研修の場で訴えています」

仕事と生活のバランスも個性に応じて実現

情報をオープンにする

同社では、請負単価などの現場の数字を正社員にオープンにしています。これによって、どれくらいのペースで仕事を進めないと利益を出せないかを班長が計算できるようになります。事業の収支を軽視せず、必要条件となる生産性の達成を班単位で取り組んでいます。今では天気予報の精度も高いので、雨が降る前に急斜面の個所を済ませておくなど、班ごとにうまく現場を調整しています。

「今の班体制になって10年近く経ちます。さらなる技術向上のためにも、そろそろ班の垣根を越えてもっと自由なコミュニケーションが必要な時期かもしれない」というお話がありつつも、チームワークが十分に機能している様子がうかがえました。

「出来高制ではないけど、業績に応じて支給する賞与もモチベーションの源泉でしょう。例えば、父親が林業やってるから子どもたちが大学に行けないなどというようなことがないよう、できるだけ高い年収を実現したい」というのが平子社長の思いです。

収入プラスαと長期休暇

人が仕事を続けていく上で大切なことは、「山で働く魅力を感じられることと、好きなことに没頭できる時間をつくれること」と平子社長は考えており、個人の趣味嗜好にマッチした仕事環境を整えることを意識しています。仕事以外のプライベートの時間を満喫するための具体策として、平子商店では長期休暇の取得が可能となっています（ただし、班単位で仕事の計画

コミュニケーションを密に取り、情報を共有することでチームワークが十分に機能している

に支障の出ない範囲・時期で）。

「10日間とか、長いと1カ月くらいの期間で、アフリカ旅行や南アルプス登山、地元のマラソン大会、チェーンソーアートの大会など、各々が趣味を満喫している。逆に、家族構成や子育てで支出が多く、たくさん働きたいという者は、休業日の日曜以外、天気がよければすべて出勤できる。そのあたりはお互い様ということで、双方に利点があるでしょう」

現在の人数でそのような調整をきかせられるのも、会社が安定的に仕事を確保していることが基盤になっています。

定年まで働ける職場

会社に新しい風を吹かせるためにも、あと4名ほど採用し20名体制にしたいという希望が、平子社長にはあります。そのためには今以上の事業地確保が必要になりますが、定年まで働ける居心地のよい職場づくりを目指す上で乗り越えるべき課題ととらえています。

「体が資本だけど、山仕事をやってきた人なら70歳まではいけるでしょう。社員としては、それくらいの年まで働ける職場にいるという安心感はあるでしょうね」

仕事を維持し続けるために―技術・技能向上と造林・苗木づくり

当面の人手不足をどうするか

「拡大造林で植えた木の蓄積量を考えると、産業として伸びる方向は間違いないが、これからの林業の課題はなんと言っても造林未済地をいかに減らすか。明らかな人手不足」と言う平子社長。伐期到来による皆伐の加速化によって付いてくる、今後10年間ほどで見込まれる大面積の地拵え・植付けが十分に行われないことを危惧しています。他方、エリートツリーや林業機械、ドローンなどの技術革新で作業方法が改善されることも期待しています。

新たな試みとして導入した空調服。酷暑の下刈り作業での疲労軽減を図る

「目の前の人手不足を解消する抜本的なアイデアはなかなか出てこないけど、長い目で見たときに、安定した収入を得るのも自分たちの技術・技能次第。新しい技術と発想力で、若い人たちには改善に励んでほしい」

新たな取り組み

「自分たちが伐った山は自分たちで植えられるようになろう」ということで、同社は地元の種苗組合に新たに加入し、2014年からコンテナ苗生産に着手しています。2017年の秋に5700本出荷し、当面の目標は年3万本です。

「弊社は山づくりと伐採が事業の核。単価を計算しながら、いろんな事業をやるのが経営の幅。ボランティア団体などとのつながりや自社企画による林業現場視察ツアー、若手社会人と林業を語る会などを通じた人脈で地域の林業を盛り上げて、結果、うちの会社と社員が仕事を続けていけるのが大切」と最後に語ってくれました。

事例編５

モリスの挑戦

一般社団法人
モリス代表
清水光弘さん（静岡県）

仕事があり続けること、そして仕事を通じて顧客や地域に喜んでいただけること。それが社員の一番の幸せ。そんな経営の実践がここにあります。

●経営者インタビュー

モリスの挑戦

一般社団法人 モリス　代表　清水光弘さん（静岡県）

モリスは障害者就労継続支援A型事業所です。

モリスには障がいをもつ人が誇りをもって働く姿があります。彼らは、お客さまや仲間に「ありがとう」「助かったよ」と喜んでもらえることが嬉しくて、自分にはちょっと難しいと思う作業に挑戦し、出来るようになるとまた喜ばれるのでさらに頑張る。この経験を積み重ね、仕事に自信が持てるようになります。

「失敗したっていいんだよ。やってみよう」とはじめにスタッフは声かけします。そして強制せず根気強く待ちます。ときにはどう対応してよいのか分からない場面もあり、ゆったり待てることばかりではありませんが、試行錯誤を繰り返すうち「人はその人のペースで生きてよいのだ」と気づかされ、あるスタッフは自分自身までも解放された気持ちになりました。そして何かをしてあげるという上から目線ではなく、「仲間」として関わろうとしています。

障害者就労継続支援Ａ型事業所とは、障がいのある人が訓練や支援を受けながら働く場で、雇用契約を結び、自治体が定める最低賃金が支払われます。つまり、障がい者を雇用するために収益性のある事業をし運営しなければならないのですが、制度の理想と現実の中、補助金頼みで指定取り消しになり、多数の利用者（障がいのある従業員）が路頭に迷うという事態が起こるなど、厳しい運営を強いられることが多いのが実態です。

障がいのある人が仕事を通して能力を高めその人らしく働く、スタッフも成長する、そして経営としても成立させる。モリスはこの相反するようなことをどのように成立させているのでしょうか。

モリスってどんなところ?

静岡市の静岡流通センターの一角にあるモリス。正面のガラス戸を開けると受付カウンターがあり、広いフロアーに木製品の作業場や経理事務の机が並び、壁がないので全体が一目で見渡せます。

身体・知的・精神障がいのほか、病気の後遺症による中途障がいの人がいて、特別支援学校高等部を卒業してすぐの若者や他の事業所で長年働いていた人、病気になる前はバリバリ社会で活躍していた人など、年齢や経験はさまざまです。利用者のことをメンバー、職員のことをスタッフと呼んでいますが、玄関を入って見ただけでは誰がメンバーで誰がスタッフなのか見当がつきません。自信をつけたメンバーはそれくらい自然な姿で仕事をしています。

業務内容は、①木製品の製造・販売、②施設外就労、③業務委託事業の3部門あり、障がい特性や本人の希望に合わせた配属と作業分担を行っています。

作業のようす

最初に木製品の製造・販売部門を訪ねてみました。ここは、木版にレーザー彫刻を施し、キーホルダーなどの小物やＡ４判サイズの木製賞状などを製造・販売しています。

案内係は入所５年目の野田君。楽しげに自信満々に各作業の説明をしてくれます。

パソコンで製図すると連動しているレーザー彫刻機が文字や画を掘り上げます。高価なレーザー彫刻機は予算的に買い取ることが大変なのでリースにしています。そしてリースにしていると、将来メンバーが自らの力で事業が行えるようになったとき、経理や予算を立てる際にわかりやすいというメリットがあります。

中央は仕上げ磨きや袋詰め作業をする場所。そこにいる年配の男性はずっと話せないものだと思われていました。しかしモリスに通い始めて3年が過ぎたころ、突然言葉をしゃべり始め全員驚きました。今では「お昼食べた?」「うん、食べたよ」と簡単なコミュニケーションだけでなく、若手メンバーを心配し自分から声をかけることもあります。

建物の裏側の作業場では丸ノコやカンナ機を使用し、スギの床材からキーホルダーの型を切りだしていました。ここの機械類は大きな音がするので、担当する男性メンバーは音に慣れる

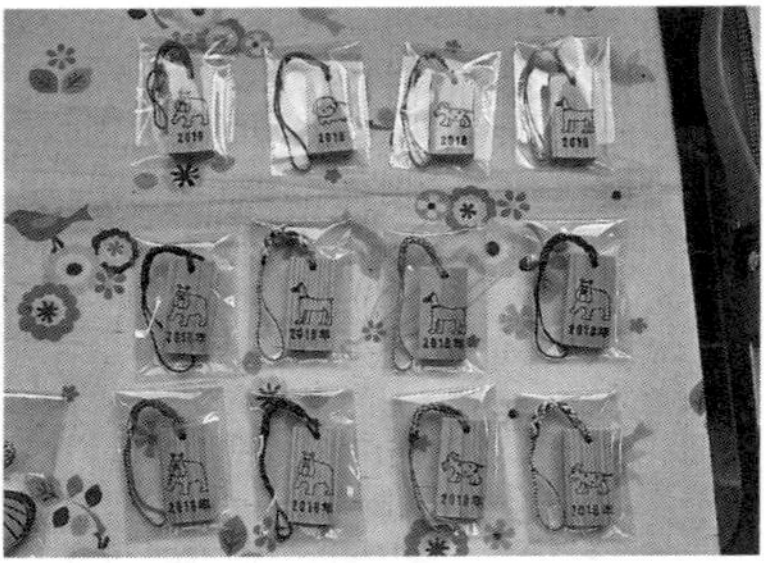

木製品。干支を描いたストラップ

販売会のため商品を陳列中

メンバーのみなさん

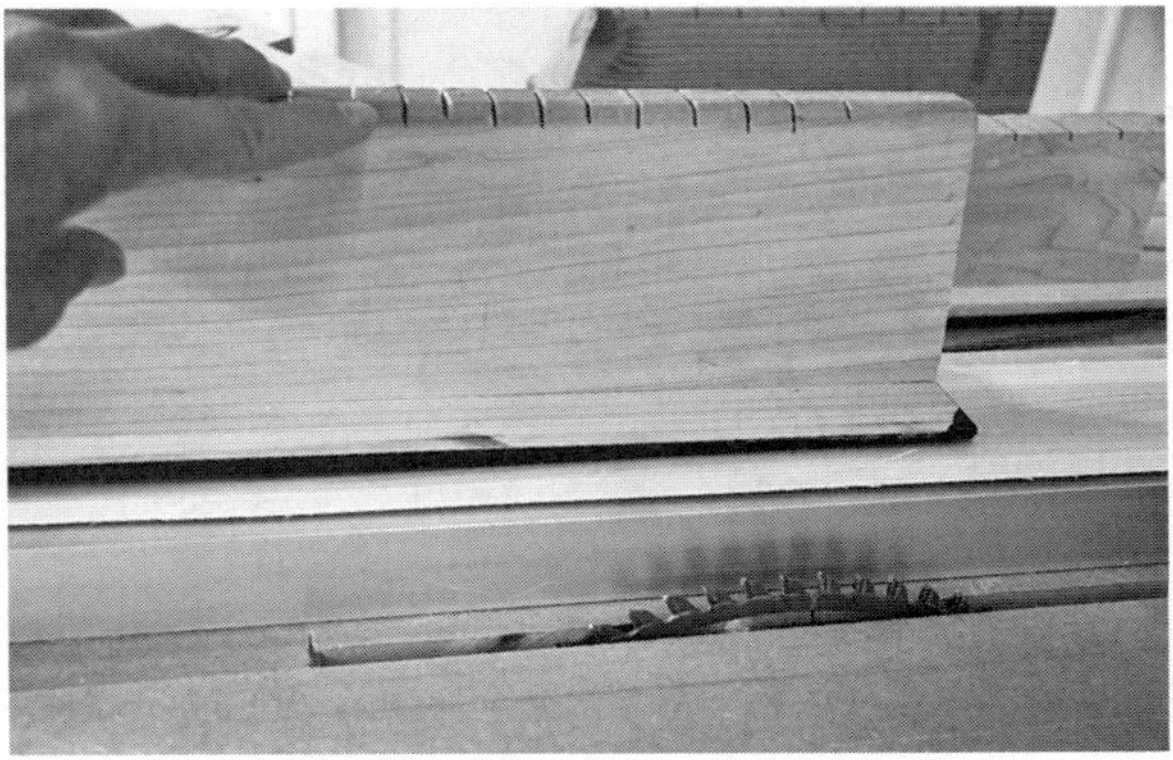

治具《じぐ》（ノコの刃が手に当たらないよう押さえる道具）

まで長い時間がかかりました。しかし手順をきっちり行える人なので、危険を伴う作業でも安全に正確に仕上げます。

木工経験が長いスタッフの櫻井さん。目盛が読めなくてもサイズが計れるよう色別テープを巻いた棒や、丸ノコの刃が手に当たらないように板を押さえる治具《じぐ》など、メンバーに合わせた工夫を考えて作ります。

スタッフの役割は、メンバーをよく「観て」彼らの言葉を「聴く」ようにし、出来ない原因を知り対策を取ること。「出来ない」のではなく、スタッフがメンバーのことをよく「知らない」のだというところから始めるようにしています。

助け合いの事業関係

木製品製造で年間に使用する木材約８００㎥は、節や曲がりで売り物にならない建材を知り合いの製材所から安価で買い取ったり、林業事業体が破棄する間伐材を持ってきてくれたり、ときにはお客さまの方から「この木で作って欲しい」と古木や記念樹が持ちこまれることもあります。木材の仕入れは５つの会社・事業体と相互援助の関係にあります。

製作中に出るおが粉やカンナ屑は、動物の飼育用に使用し、木は最後の最後まで無駄なく利用されています。

製品の販売はお客さんから直接受注するほか、メンバーが病院やイベント会場で対面販売します。静岡てんかん神経医療センターの一角で販売させてもらい、その代わりというわけではありませんが、モリスが運営しているコンビニや休憩所に、入院患者や家族が気分転換に訪れられるよう無料送迎バスを出しています。

経営者や医師らの理解の上に成り立つ相互関係は、モリスにとって心強い応援団です。

業務委託事業で森林整備

次いで、業務委託事業で整備を請け負っている静岡流通センターの裏山を見学。木製品の製造販売部門のすぐ近くにあります。

ゲートを入ると、カマで草を刈るメンバーがいて、その横で助っ人のヤギがひなたぼっこをしています。音に敏感な男子はハスクバーナのイヤーマフ付きヘルメットがお気に入り。いつもかぶっています。

整備作業は草刈り班とヤギ班の2つに分かれていて、ヤギ班は5匹のヤギの世話係。どちらかといえば重度の人が担っていますが、不思議なことに気性が荒く飛びかかってきた白ヤギが、いつの間にかおとなしく懐いてしまいました。獣医の杉本さんが一緒に作業してくれます。

草刈り班には刈払機やチェーンソーを使用するメンバーもいますが、安全第一のプログラムのもと、事故や大きなケガもなくステップアップしています。室内より外の方が好きなメンバーには楽しい仕事です。造園業の男性や元消防士が手伝いに来て、一人ひとりの作業に目を配っていました。昨年植えた梅林が根付き、春が楽しみです。

仕事を作るため事業拡大が必要だった

モリスの設立は２００９年３月。メンバー５名、スタッフ３名でスタートしました。初年度の資金流入額（年）は約８００万円弱。８年目の現在は、メンバー37名、スタッフはパート含め13名に。資金流入額（年）は約８４００万円に増加しました。

着目すべき点は事業展開の速さ。当初は〈木製品の製造・販売部門〉だけだったのが、〈施設外就労部門〉メンバーを、カブトムシ飼育キットを製造する会社や、漁協の荷揚げ・運搬の作業へ送り出す。〈業務委託事業部門〉コンビニエンスストアー・ニューヤマザキデイリーストアーの運営と、協同組合静岡流通センター所有の山林・農園整備を行う。

と、３部門５業種に拡大しました。業種に関連性がなく無節操に広げているような感じがありましたが、代表の清水光弘さんに共感した人たちから「やってみないか」と声がかかり、応援を受けながら一つひとつ着実に実現してきました。今いるメンバーの雇用を守り、モリスへ入所を希望する障がい者を全員受け入れるためには事業拡大し、仕事を作る必要があったのです。

左から代表の清水さんとヤギと杉本獣医

草刈りをするメンバーとヤギ

一般社団法人モリス代表の清水光弘さん

森づくりと同じ

清水光弘さんはかつて林業事業体で働き、自分は今でも福祉分野の素人だと思っています。「森にはいろいろな木があって用材になる木や風を防ぐ木など、それぞれの役割があるでしょ。林業と福祉の視点は同じだと思うんです」。その人の出来ないことは受け止め、意欲や可能性に着目する。清水さんは障がい種や診断名はあまり気にかけていません。森づくりにマニュアルはなく、自然に寄り添って手入れをするのと同じことだと思っています。

9時から16時まで、メンバーの利用時間中は分身の術のように各部門を飛び回る清水さん。一人ひとりに威勢よく声をかけ底抜けに明るい印象ですが、危機的状況を抱えた時期がありました。モリス立ち上げから半年ほどは、事業がなかなか軌道にのらない上に、次々と起こるトラブルの処理やら資金繰りに負われ「夜も眠れないほど苦しかった。でも、あれを乗り越えたら怖いものがなくなりました」。

木材調達や裏山整備は清水さんの得意分野です。仕入れなど外部と広い関係があり、メンバーの作業環境が整えられていることに納得。「山仕事ができる人は教育や福祉に向いていると思いますよ」。清水さんをみていると、山に優しい人は人にも優しいと思えます。

生死をさまよう体験が原点

清水さんがこの仕事を始めるきっかけは40歳のときの生死をさまよう事故でした。架線撤収作業中に、引き上げる本線をキトで旋回線につなげるとき、横着してロープをひっかけて旋回線を引っ張ったら、バネのように反動がつきハネ上げられたはずみで線下斜面に転落。ゴロンゴロン落下しながら「自分は死ぬんだな」と思いました。この状態をまるで他人事のように冷静に見る自分がいて、転落を始める前から病院に搬送されるまで全てを鮮明に記憶しています。病室に横たわっても興奮状態のまま意識と身体が別物になったような感覚も味わいました。転落してゆくときの感覚は今もあって「自分の力ではどうにもできない、もう身をまかせるしかない」。そして生きているのではなく、生かされていると感じるようになって生き方が変わりました。

間一髪で命は取りとめたものの、大怪我を負い入院。そのとき不登校の少女と出会います。彼女の表情があまりにも暗いので「山に行こう」と連れていったところ、見違えるような笑顔になりました。その経験から森の力を再認識し、森林インストラクターの資格を取得。そして県内の森林インストラクター仲間の縁で、障がい児者とその家族とともに森林で遊ぶ「モリスト」という団体を設立し活動するようになりました。自閉症を中心にさまざまな障がいをもつ子や不登校の子が参加し、多いときには100名を超える盛況ぶりで開催日を増やしました。

数年経ったころ、笑顔だった子が学年が上がるほど暗くなることに気付きました。特別支援学級・学校を卒業した後の進路がない。厳しい現実に直面する親子たちの姿を見て「自分がやるしかない」とモリス設立を決意。46歳のときでした。

しかし、清水さんは独りで奮闘したわけではありません。モリストに携わっていた森林インストラクター仲間、医師や教師や学生ボランティアなど数十名、いや数百名に及ぶ人々が応援し、手助けし、その延長上に今日のモリスがあります。つまり、速いと驚かれる事業展開の背景には活動の積み重ねと支援者や仲間の協力があったのです。

このように大勢の人に支えられていることがモリスの特徴の一つですが、それは清水さんの人柄による面もあります。清水さんには障がいや健常関係なく相手のありようをそのまま認める姿勢があって、誰もが自然体でいられる心地良さを感じさせます。そして淀みなく語る真っすぐな情熱。「メンバーが喜んで成長する姿は奇跡をみるようなんですよ。自分はその感動を分けてもらっているだけです」。吸い寄せられるように新しい人がやってきて、どんどん人の輪が広がっています。

職場を守るための経営

経営のためには利益優先で効率を求めがちですが、メンバーを急かせたり無理強いすることは弊害の方が大きいと清水さんは言います。「誰だってそうでしょ、自分で納得して自分のペースでやらなければ仕事は続きませんよ」。納期が迫って焦ることはしばしばありますが、そのたび別のメンバーやスタッフやボランティアの助けでなんとか切り抜けてきました。

その人の気持ちや体が動くまで時間がかかっても待ちます。待つことの大切さを最初に教えてくれたのは無口なハルちゃんでした。ハルちゃんは、お客さまにお茶を出す係をかってでましたが、薄いお茶を茶碗になみなみ注いでいました。しかし1年ほど経つと美味しいお茶を入れるようになりました。お客さまに「ありがとね」と言われることが嬉しくて、ハルちゃんは帰宅してから自分で図書館に行き本で勉強していたと、後になって分かりました。そんな力がハルちゃんにあるとは誰も思っていなかったのです。

待つ姿勢があると小さな成長に気づけます。場の空気というのでしょうか、仲間が褒められると自分のことのように嬉しいメンバーたちなので、働く意欲がモリス全体に伝播《ぱ》してゆきます。「効率が悪いようでも結果として、待つ方が利益につながるんです。とは言っても収支トントンですけど」。

清水さんは「はたらく」は「傍楽《はた》」なのだと伝えています。つまり自分の周りの人を楽にしてあげたり、楽しくしてあげること。それが働くことなんだと。そう、モリスが目指しているのは働くことそのものなのです。働くために経営していくという逆転の考え。メンバーはこう感じています。「ここは自分が自分らしく居られる大切な職場。だから仕事をがんばって守ろう」。心を込めて働くということがどれほど幸せで尊いことか、モリスの人々を見ていると羨ましい気持ちになります。

モリスのスタッフたち

スタッフも清水さん同様、今まで福祉に携わったことがない人ばかり。

立ち上げ時から携わる女性の大川さんは、学生時代に障がい児と森林で遊ぶモリストの活動に参加していました。卒業後は東京の企業に就職しましたが、慣れぬ暮らしと激務で精神的に追い詰められました。そのときちょうどモリス立ち上げ準備をしていた清水さんと再会し、まだ林業の仕事も抱えていた清水さんを手伝って山へ。山仕事で心身の感覚がよみがえったような気がし、退職してモリスで働くことにしました。何もかも手探りでしたが、メンバーと関わるうちに自分を肯定的に捉えられるようになり、どんどん気持ちが楽になりました。みんなから信頼されるお姉さん的存在です。

もう一人のスタッフ、中林さんは子育てを終えたのでパートに出ようとコンビニに応募しました。「レジ打ちだと思ってたのよ」。

はじめはメンバーさんとどう接してよいのかもわかりませんでしたが、コンビニに配属された女の子とおもちゃのお金で銀行ごっこ遊びで計算に慣れてもらう、というようなことをするうち「メンバーは、補助するポイントさえ見つければ仕事が出来るようになる」と手応えをつかみました。中林さんは今では若いスタッフの相談役としても活躍しています。

走りながら考えるタイプの清水さんに対して、慎重丁寧な大川さん、そしてゆったり構える中林さん。そのほかのスタッフもみな個性的ですが、お互いを高め合うようなチームワークがあります。メンバーのケアプラン作成など専門的な仕事をしているのに、誰からも福祉用語を使った説明はありませんでした。

これがモリス

自分が自分らしくいてもいい場所、仕事を通じてメンバーもスタッフも高め合い成長する、

2017 年ふるさと貢献賞を受賞したときの写真。表彰状と楯を持つメンバーと大川さん（中央）

獣害ネット設置作業中の写真。左の女性が中林さん

企業や病院と相互協力し合う、人の輪が広がる、良い商品を作り、お客さんに喜んでもらう、家族が安心する、モリスは人が人のために働く場所です。

100名雇用を目指し事業拡大は続きます。次は食堂の運営を計画中で、その他にも、整備作業で活躍するヤギから乳製品の製造販売をするアイデアや、草刈りの実績を積んで河川の除草請負を目指す計画もあります。そしてその先に、保護者の高齢化やメンバーの将来を見据え、グループホームの運営が視野に入っています。

「経営は自分の欲をもつとおかしなことになる」。何が周りのためになるかを第一に考えて進む清水さん。それは、障がい者の働く環境が整えられ、稼ぐことができれば彼らの自立につながり、みんなが楽になる。みんなが生きやすい社会を子や孫の世代に残したいという願いにつながっています。その根本にあるのが山林経営と製材業を稼業としていた父の言葉「山は預かり物だ。受け継ぎ子々孫々へ伝えることは必ず世の中の役に立つし先人への恩返しでもあるんだ。だから今の利益だけに執着するんじゃなく、もっと先を見据えた施業をしなくちゃいけない」。

モリスは木を育て森をつくる林業と同じスケールで運営されています。

経営者インタビューの登場者

■ ■ ■

事例編１

榎本長治《ちょうじ》さん

株式会社 山長商店　代表取締役会長（和歌山県）

事例編２

木村　司さん

木村木材工業株式会社　代表取締役（埼玉県）

事例編３

小熊順一さん

中越よつば森林組合　代表理事組合長（新潟県）

事例編４

平子作麿《たいらこさくまろ》さん

有限会社 平子《ひらこ》商店　代表取締役（福島県）

事例編５

清水光弘さん

一般社団法人 モリス　代表（静岡県）

執筆者一覧

■ ■ ■

解説編１、２

白石善也（全国林業改良普及協会　編集委員）

事例編（取材、執筆）

編集部　岩渕光則、本多孝法、石井圭子

林業改良普及双書 No.187

感動経営　林業版「人を幸せにする会社」
－長寿企業に学ぶ持続の法則

2018年3月15日　初版発行

編著者 —— 全国林業改良普及協会
発行者 —— 中山　聡
発行所 —— 全国林業改良普及協会
〒107-0052 東京都港区赤坂1-9-13 三会堂ビル
電 話　03-3583-8461
FAX　03-3583-8465
注文FAX　03-3584-9126
H P　http://www. ringyou. or. jp/

装　幀 —— 野沢清子（株式会社エス・アンド・ピー）
印刷・製本 — 奥村印刷株式会社

2018 Printed in Japan
ISBN978-4-88138-354-4

一般社団法人　全国林業改良普及協会（全林協）は、会員である都道府県の林業改良普及協会（一部山林協会等含む）と連携・協力して、出版をはじめとした森林・林業に関する情報発信および普及に取り組んでいます。

全林協の月刊「林業新知識」、月刊「現代林業」、単行本は、下記で紹介している協会からも購入いただけます。

www.ringyou.or.jp/about/organization.html
<都道府県の林業改良普及協会（一部山林協会等含む）一覧>

全林協の月刊誌

月刊『林業新知識』

山林所有者の皆さんとともに歩む月刊誌です。仕事と暮らしの現地情報が読める実用誌です。

人と経営（優れた林業家の経営、後継者対策、山林経営の楽しみ方、山を活かした副業の工夫）、技術（山をつくり、育てるための技術や手法、仕事道具のアイデア）など、全国の実践者の工夫・実践情報をお届けします。

B5判　24頁　カラー／1色刷
年間購読料　定価：3,680円（税・送料込み）

月刊『現代林業』

わかりづらいテーマを、読者の立場でわかりやすく。「そこが知りたい」が読める月刊誌です。

明日の林業を拓くビジネスモデル、実践例が満載。木材生産流通の再編、市町村主導の地域経営、山村再生の新たな担い手づくり、林業ICT、サプライチェーン・マネジメントなど多彩な情報をお届けします。

A5判　80頁　1色刷
年間購読料　定価：5,850円（税・送料込み）

＜お申込み先＞

各都道府県林業改良普及協会（一部山林協会など）へお申し込みいただくか
オンライン・FAX・お電話で直接下記へどうぞ。

全国林業改良普及協会

〒107-0052　東京都港区赤坂1-9-13　三会堂ビル　TEL 03-3583-8461
ご注文FAX 03-3584-9126　http://www.ringyou.or.jp

※代金は本到着後の後払いです。送料は一律350円。5000円以上お買い上げの場合は無料。
ホームページもご覧ください。

※月刊誌は基本的に年間購読でお願いしています。随時受け付けておりますので、
お申し込みの際に購入開始号（何月号から購読希望）をご指示ください。